U0182834

Python

程序设计

主　编◎王　圆
副主编◎蒋华梅　袁伟华
　　　　熊云艳　黄耿生

清华大学出版社
北京

内 容 简 介

本书详细介绍了 Python 语言的相关知识，共分 10 章，具体内容包括 Python 概述、基本语法、字符串、Python 数据结构、函数、面向对象、模块与包、异常、文件和课程设计。Python 程序设计是一门实践性非常强的课程，具有一定的难度，新手入门较困难。本书内容融入了编者多年的一线教学体会，同时介绍了大量的编程实例。本书是"广东省电子商务高水平专业群"的研究成果，提供了完备的课程资源。

本书主要面向普通高等职业院校学生，可作为电子商务、大数据技术、人工智能技术、计算机应用技术等专业的教学用书，也可作为相关领域的培训教材和企业开发人员的参考用书。

图书在版编目（CIP）数据

Python 程序设计 / 王圆主编. —北京：清华大学出版社，2021.9（2024.8重印）
ISBN 978-7-302-59198-6

Ⅰ．①P… Ⅱ．①王… Ⅲ．①软件工具—程序设计—高等职业教育—教材 Ⅳ．①TP311.561

中国版本图书馆 CIP 数据核字（2021）第 187900 号

责任编辑：邓　艳
封面设计：刘　超
版式设计：文森时代
责任校对：马军令
责任印制：曹婉颖

出版发行：清华大学出版社
　　　　　网　　　址：https://www.tup.com.cn, https://www.wqxuetang.com
　　　　　地　　　址：北京清华大学学研大厦 A 座　　　　邮　　编：100084
　　　　　社 总 机：010-83470000　　　　　　　　　　邮　　购：010-62786544
　　　　　投稿与读者服务：010-62776969，c-service@tup.tsinghua.edu.cn
　　　　　质量反馈：010-62772015，zhiliang@tup.tsinghua.edu.cn
印 装 者：三河市君旺印务有限公司
经　　销：全国新华书店
开　　本：185mm×260mm　　　印　　张：16　　　字　　数：376 千字
版　　次：2021 年 10 月第 1 版　　　　　　　　印　　次：2024 年 8 月第 4 次印刷
定　　价：59.00 元

产品编号：092261-01

前　言

随着大数据和人工智能的兴起，Python 这门"古老"的语言在这两个领域大放异彩，这使得 Python 语言变得非常流行。实际上，Python 一直是一门优秀的编程语言，不仅简洁、易用，而且功能强大。它既可用于开发桌面应用，也可用于网络编程，还可用于开发 Web 应用等多个领域。

目前关于 Python 的图书不少，但很难找到一本适合初学者的教材。实际上，所有编程语言都万变不离其宗。高职学生的自学能力一般，常常在编程的入门阶段遇到门槛，主要难点在于思维方式不易转变。高职院校数量庞大，学生更需要适合自身的教材；与本科学生相比，高职学生更需要入门容易、案例直观、侧重实践的教材。

本书内容践行党的二十大精神，采用实例导向，任务驱动方式编写，以"商品库存管理"作为课程设计项目案例。本书融合了"1+X"职业技能等级证书要求和企业职业标准，突出实践能力培养。

本书共 10 章，前 9 章介绍 Python 语言相关知识，第 10 章编制了课程设计项目（商品库存管理），全部代码适用于 Python 3.7 及以上更高版本。

第 1 章，Python 概述，主要介绍 Python 语言与版本、Python 开发环境安装与配置、编程规范、扩展库安装方法。

第 2 章，基本语法，主要介绍表达式与运算符、常用内置函数、流程控制语句。

第 3 章，字符串，主要介绍字符串概念、编码格式、转义字符与原始字符、字符串格式化、字符串常用方法、字符串常量、正则表达式。

第 4 章，Python 数据结构，主要介绍列表、元组、字典和集合的相关知识。

第 5 章，函数，主要介绍函数定义与调用、参数传递、变量作用域、匿名函数和递归函数等内容。

第 6 章，面向对象，主要介绍类和对象，封装、继承与多态，以及枚举类。

第 7 章，模块与包，主要介绍模块和包的创建、导入与使用过程。

第 8 章，异常，主要介绍异常的处理机制、自定义异常、异常处理规则。

第 9 章，文件，主要介绍文件与文件夹的基本操作、文件的读写等。

第 10 章，课程设计，实现商品库存管理系统。

本书是"广东省电子商务高水平专业群"的研究成果，提供了完备的课程资源，包含程序源代码、课件、教学大纲、教学进度表等各项资料。

本书由广东行政职业学院王圆、蒋华梅、袁伟华、黄耿生和广东工贸职业技术学院熊云艳共同编写。具体编写分工如下：第 1 章和第 3 章由蒋华梅编写，第 2 章由蒋华梅和熊云艳共同编写，第 4 章和第 5 章由王圆编写，第 6 章、第 7 章、第 8 章由袁伟华编写，第 9 章由熊云艳编写，第 10 章由黄耿生编写，全书由王圆统稿。

教材编写过程中得到了广东泰迪智能科技股份有限公司、广州轩辕网络科技股份有限公司、佛山叁六网络科技公司、热带雨林（广州）网络技术有限公司、无忧（广州）跨境电商服务有限公司等公司的大力支持，在此表示衷心的感谢。部分课后习题来自网络佚名作者，在此一并表示感谢。

由于编写时间紧、任务重，书中难免存在错误与疏漏，敬请广大读者和同仁多提宝贵意见和建议，以便再版时予以修正。

编　者

目　　录

第1章 Python 概述

学习目标

- ❏ 了解 Python 的应用领域、特点、程序运行机制。
- ❏ 了解 Python 的版本，熟悉 Python 2.x 和 Python 3.x 的区别。
- ❏ 掌握如何搭建 Python 开发环境。
- ❏ 掌握 Python 程序的编写方法。
- ❏ 掌握如何调试 Python 程序。
- ❏ 熟悉扩展库的安装方法。

任务导入

当前，不仅高校开设了 Python 课程，很多中学也开设了 Python 课程，甚至连小学生也在学习 Python。为何 Python 这么热门？因为 Python 简单易学，初学者很容易就能完成自己的第一个程序，并输出结果；使用 Python 能实现网络爬虫、可为批量图片添加水印……

那么有如下几个问题。

（1）Python 有哪些应用领域？

（2）Python 环境如何搭建？

（3）Python 如何使用？

随着大数据和人工智能的兴起，Python 这门"古老"的语言在这两个领域大放异彩，这使得 Python 语言变得非常流行。实际上，Python 一直是一门优秀的编程语言，不仅简洁、易用，而且功能强大。它既可用于开发桌面应用，也可用于网络编程，还可用于开发 Web 应用等多个领域。

本章重点介绍如何搭建 Python 的开发环境。

1.1 Python 语言简介

Python 是一种面向对象编程语言，它是一种既简单又功能强大的编程语言。Python 注重如何解决问题而不是编程语言的语法和结构。使用 Python 语言编写的程序是跨平台的。

1.1.1 什么是 Python

Python 是一种面向对象的解释型编程语言。

Python 英文原意为"蟒蛇"。1989 年，荷兰人 Guido van Rossum（简称 Guido，音译一般为吉多·范罗苏姆）发明了一种面向对象的解释型编程语言，并将其命名为 Python。

Python 语言是基于 ABC 语言的，而 ABC 这种语言非常强大，是专门为非专业开发者设计的。但 ABC 语言并没有获得广泛的应用，Guido 认为是非开放造成的。

基于这个考虑，Guido 在开发 Python 时不仅为其添加了很多 ABC 没有的功能，还为其设计了各种丰富而强大的库。利用这些 Python 库，开发者可以把使用其他语言（尤其是 C 语言和 C++）制作的各种模块轻松地集成在一起。所以，Python 常被称为"胶水"语言。

1991 年发行第一个公开发行版。目前，Python 的最新发行版是 Python 3.10.0（2021 年 10 月 4 日发布）。

1.1.2　Python 的应用领域

Python 是一种跨平台的编程语言。理论上，Python 可以在任何操作系统平台上运行。目前，最常用的操作系统平台是 Windows、Mac OS X 和 Linux。

Python 简单易学、有众多第三方程序库、运行速度快，这些特性让 Python 的应用领域十分广泛。

Python 的应用领域主要有如下 10 个。
- ❑　Web 程序开发。
- ❑　大数据处理。
- ❑　Linux/UNIX 运维。
- ❑　云计算。
- ❑　人工智能。
- ❑　网络爬虫。
- ❑　服务器端程序开发。
- ❑　命令行程序开发。
- ❑　移动 APP 开发。
- ❑　GUI 程序开发。

尽管这里没有列出 Python 的所有应用领域，但也已包含了绝大多数的开发场景。

在 Mac OS X 和 Linux 这两个操作系统中，已经内置了 Python 开发环境；也就是说，Python 程序可以在 Mac OS X 和 Linux 上直接运行。所以，很多运维工程师都习惯使用 Python 来完成自动化操作。

Python 在操作网络和文本方面的能力也尤为突出。Google 搜索引擎的第一个版本就是用 Python 编写的。而且 Python 也已成为深度学习的第一语言。

因此，从各个角度来看，无论是学生、开发者，还是数据分析师或科学家，都离不开 Python。Python 已然成为编程语言领域的世界语。

1.1.3　Python 的特点

（1）语法简单。Python 是一种代表极简主义的编程语言，阅读一段排版优美的 Python 代码就像在阅读一个英文段落；所以，人们常说 Python 是一种具有伪代码特质的编程语言。

（2）易于学习。Python 有相对较少的关键字，结构简单，还有一个明确定义的语法，学习起来比较简单。

（3）免费、开源。用户使用 Python 进行开发或者发布自己的程序，不需要支付任何费用，也不用担心版权问题；即使作为商业用途，Python 也是免费的。开源即开放源代码，意思是所有用户都可以看到源代码。开发者使用 Python 编写的代码是开源的；Python 解释器和模块也是开源的。

（4）自动内存管理。Python 会自动管理内存，需要时自动分配，不需要时自动释放。

（5）解释型。Python 程序可以直接使用源代码运行，不需要编译成二进制代码。在计算机内部，Python 解释器把源代码编写转换成字节码的中间形式，然后再把它翻译成计算机使用的机器语言并运行。

（6）可移植性。基于其开放源代码的特性，Python 已经被移植（即工作）到许多平台。

（7）可扩展性。如果需要一段运行很快的关键代码，或者是想要编写一些不愿开放的算法，可以使用 C 或 C++完成编写，然后在 Python 程序中调用那部分程序。

（8）面向对象。Python 既支持面向过程的编程，也支持面向对象的编程。在面向过程的语言中，程序是由过程或仅仅是可重用代码的函数构建起来的。在面向对象的语言中，程序是由数据和功能组合而成的对象构建起来的。与 C++和 Java 相比，Python 以一种更加简单的方式实现了面向对象编程。

（9）广泛的标准库。Python 的标准库非常庞大，可以处理各种工作，包括正则表达式、文档生成、单元测试、线程、数据库、网页浏览器、CGI、FTP、电子邮件、XML、XML-RPC、HTML、WAV 文件、密码系统、GUI（图形用户界面）、Tk 和其他与操作系统有关的操作。

（10）规范的代码。Python 采用强制缩进的方式，所以代码具有极佳的可读性。

1.1.4　Python 程序运行机制

Python 是一门解释型的编程语言，因此它具有解释型语言的运行机制。

计算机是不能理解高级语言的，更不能直接执行高级语言，它只能直接理解机器语言。所以，使用任何高级语言编写的程序若想被计算机运行，都必须将其转换成计算机语言，也就是机器码。

高级语言的转换方式有两种：编译和解释。因此，高级语言分为编译型语言和解释型语言。

1. 编译型语言

编译型语言使用专门的编译器，针对特定平台（操作系统），将某种高级语言的源代码一次性"翻译"成可被该平台硬件执行的机器码（包括机器指令和操作数），并包装成该平台所能识别的可执行程序的格式。

编译型语言的特点：编写的程序在执行之前，需要一个专门的编译过程，把源代码编译成机器语言的文件，如.exe 格式的文件。以后，需要再运行时，直接运行.exe 文件即可。因为只需编译一次以后运行时就不再需要编译，所以编译型语言执行效率高。

编译型语言的执行方式，如图 1-1 所示。

图 1-1　编译型语言的执行方式

编译型语言总结如下。

（1）一次性编译成平台相关的机器语言文件，可脱离开发环境独立运行，效率较高。

（2）与特定平台相关，一般无法移植到其他平台。

（3）现有的 C、C++、Objective Pascal 等高级语言都属于编译型语言。

2．解释型语言

解释型语言使用专门的解释器将源程序逐行解释成特定平台的机器码并立即执行。

解释型语言的特点：不需要事先编译，直接将源代码解释成机器码并立即执行，所以只要平台提供了相应的解释器即可运行该程序。解释型语言的执行方式，如图 1-2 所示。

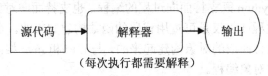

图 1-2　解释型语言的执行方式

解释型语言总结如下。

（1）每次运行都需要将源代码解释成机器码并执行，效率较低。

（2）只要平台提供相应的解释器就可以运行源代码，所以可以方便地实现源程序的移植。

1.1.5　如何学好 Python

如何学好 Python 语言，是所有初学者共同面对的问题。不管是学习哪种编程语言，学习方法都大同小异。下面给出几点建议如下。

（1）对 Python 语言有一个宏观的认识。也就是要了解 Python 能做什么，擅长做什么。

（2）搭建开发环境，先弄出一个"Hello World!"（可以复制现有的代码）。以增强自己继续学习 Python 语言的信心。

（3）不要深究设计模式。因为设计模式是给拥有多年经验的开发者准备的。所以，在开始写程序时，只管写就好了。

（4）模仿书中的代码，自己亲手写代码。刚开始为了运行结果，可以复制代码。但后来一定要每一个字符自己写一遍；代码可以与例子的不同，只要能实现相同的功能即可。

（5）对于初学者，应充分利用教材给出的代码多做练习。多写代码，多输入代码。

（6）多做练习题。

（7）养成经常总结的好习惯。

（8）多阅读源代码。

1.2　Python 版本简介

Python 自发布以来，主要有以下 3 个版本。

（1）1994 年发布的 Python 1.0 版本（已过时）。

（2）2000 年发布的 Python 2.0 版本（Python 2.7 于 2020 年后终止支持）。

（3）2008 年发布的 Python 3.0 版本（2021 年 10 月已更新到 3.10.0）。

Python 版本更迭的历史如下。

❑　1994 年 1 月，Python 1.0。

❑　2000 年 10 月 16 日，Python 2.0。

❑　2001 年 11 月 21 日，Python 2.2。

❑　2003 年 7 月 29 日，Python 2.3。

❑　2004 年 11 月 30 日，Python 2.4。

❑　2006 年 9 月 19 日，Python 2.5。

❑　2008 年 10 月 2 日，Python 2.6。

❑　2008 年 12 月 3 日，Python 3.0。

❑　2009 年 6 月 26 日，Python 3.1。

❑　2010 年 7 月 3 日，Python 2.7。

❑　2011 年 2 月 20 日，Python 3.2。

❑　2012 年 9 月 29 日，Python 3.3。

❑　2014 年 3 月 17 日，Python 3.4。

❑　2015 年 9 月 13 日，Python 3.5。

❑　2016 年 12 月 23 日，Python 3.6。

❑　2018 年 3 月 10 日，Guido 在邮件列表上宣布 Python 2.7 将于 2020 年 1 月 1 日终止支持，并且不会推出 2.8 版本，希望用户尽快迁移至 3.4 以上的版本。

❑　2018 年 6 月 27 日，Python 3.7。

❑　2019 年 10 月 14 日，Python 3.8。

❑　2020 年 10 月 5 日，Python 3.9，但不支持 Windows 7 及更早版本的操作系统。

❑　2021 年 10 月 4 日，Python 3.10，但不支持 Windows 7 及更早版本的操作系统。

1.2.1　初学者应该选择哪个版本

基于 Python 创始人宣布将 Python 2.7 支持时间只延长至 2020 年。建议初学者选择 Python 3.x 版本，理由如下。

（1）目前，使用 Python 3.x 是大势所趋。

（2）Python 3.x 在 Python 2.x 基础上做了功能升级。

Python 3.x 对 Python 2.x 的标准库进行了重新拆分和整合。在字符编码方面比 Python 2.x

更容易理解。而且，Python 3.x 对中文字符的支持性能更好，能正确显示中文。

（3）Python 3.x 和 Python 2.x 思想基本是共通的。

Python 3.x 和 Python 2.x 思想基本是共通的，只有少量的语法差别。学会了 Python 3.x，只要稍稍花点时间学习 Python 2.x 的语法，就可以灵活运用两个版本了。

当然，选择 Python 3.x 也有缺点，那就是很多扩展库的发行总是滞后于 Python 的发行版本，甚至目前还有很多库不支持 Python 3.x。

1.2.2 Python 2.x 的代码转换成 Python 3.x 的代码

Python 2.x 与 Python 3.x 的差别很大，Python 2.x 的多数代码不能直接在 Python 3.x 环境下运行。在网上查找到的 Python 2.x 代码，需要修改后才能在 Python 3.x 环境下运行。针对此问题，Python 官方提供了 Python 2 自动转换为 Python 3 的方法，就是小工具 2to3.py。使用该工具可以将大部分 Python 2.x 代码转换为 Python 3.x 代码。

2to3.py 工具的具体操作如下。

（1）找到 2to3.py 文件。2to3.py 文件的位置在 Python 安装路径下的 Tools\scripts 文件夹下。例如，安装的是 anaconda3；所以，目录是 Anaconda3\Tools\scripts，如图 1-3 所示。

图 1-3   2to3.py 工具的位置

（2）复制 2to3.py 文件到要转换代码所在的目录下。

（3）打开"命令提示符"窗口。

方法一：选择"开始"命令，然后选择"所有程序"，接着选择"附件"，最后选择"命令提示符"命令。

方法二：选择"开始"命令，在"搜索程序和文件"文本框中输入 cmd 命令，最后按 Enter 键。

（4）进入转换代码文件所在的目录。例如，转换代码文件在 D:\temp 文件夹下。在"命令提示符"窗口输入 d:按 Enter 键，再输入 cd temp 按 Enter 键（注意：cd 和 temp 之间有一个空格符），如图 1-4 所示。

（5）调用 2to3.py 工具转换代码。例如，要转换的文件名为 test.py，则在图 1-4 的"命令提示符"窗口输入命令 python 2to3.py –w test.py（注意：python、2to3.py 、–w 和 test.py

之间都有一个空格符），如图 1-5 所示。

图 1-4　进入转换代码文件所在的目录

图 1-5　调用 2to3.py 工具转换代码

【小贴士】上面的代码执行后，会在 D:\temp 文件夹下创建一个名为 test.py.bak 的备份文件，同时，原 test.py 文件的内容被转换为 Python 3.x 对应的代码。
注意，尽量不要把想要转换的代码保存在 C 盘。因为可能会因为权限问题导致转换不能正常完成。

【小贴士】本书将以 Python 3.x 来介绍 Python 编程，本章也会简单对比 Python 2.x 和 Python 3.x 的语法差异。

1.2.3　Python 2.x 和 Python 3.x 的区别

Python 3.x 自带的 2to3.py 工具可以将 Python 2.x 程序源文件作为输入，然后自动转换成 Python 3.x，但并不是所有内容都可以自动转换。

关于 Python 2.x 与 Python 3.x 的比较，可参考链接文件如下。

https://www.cnblogs.com/meng-wei-zhi/articles/8194849.html

以下列举几项 Python 2.x 和 Python 3.x 的区别。

1. print

Python 2.x 中 print 是一个语句，要输出的内容直接放到 print 关键字后面即可。Python 3.x

里，print()是一个函数，像其他函数一样，print()需要将输出的内容作为参数传递给它。Python 2.x 和 Python 3.x 中 print 用法的差别，如表 1-1 所示。

表 1-1   print 用法比较

Python 2.x	Python 3.x	备 注
print	print()	输出一个空白行，Python 3.x 需要调用不带参数的 print()
print 1	print(1)	输出一个值，将值传入 print()函数
print 1,2	print(1,2)	输出使用空格分割的两个值，使用两个参数调用 print()
print 1,2,	print(1,2,end=' ')	Python 2.x 中如果使用一个 "," 作为 print 结尾，将会用空格分割输出的结果；然后再输出一个尾随的空格，而不输出回车符号。Python 3.x 里，把 end=' '作为一个关键字传给 print()可以实现同样的效果，end 默认值为'\n'，所以通过重新指定 end 参数的值，可以取消在末尾输出回车符号

2．字符串类型

Python 2.x 中有两种字符串类型：Unicode 字符串和非 Unicode 字符串。Python 3.x 中只有一种类型：Unicode 字符串。

3．数据类型

Python 2.x 为非浮点数准备了 int 和 long 两种类型。int 类型最大值不能超过 sys.maxint，这个最大值与平台相关。可以通过在数字的末尾附上一个 L 来定义长整型，long 类型比 int 类型表示的数字范围更大。在 Python 3.x 里，只有 int 类型一种；大多数情况下，和 Python 2.x 中的长整型类似。

4．不等于运算符

Python 2.x 中 "<>" 和 "!=" 意思相同，都可以使用。但 Python 3.x 中只能用 "!="。

5．编码

Python 2.x 的默认编码是 ASCII。在使用 Python 2.x 的过程中经常会遇到编码问题，当时由于 Python 语言还没使用 Unicode（UTF-8），所以使用 ASCII 作为默认编码。Python 3.x 默认使用的编码是 Unicode，可以更好地支持中文或其他字符，也就不需要在文件头部写 # coding=utf-8。

6．除法运算符

Python 中有两个除法运算符："/" 和 "//"。

其中，"//" 运算符在 Python 2.x 和 Python 3.x 中是一致的，都是 floor 除法。floor 除法对结果做向下取整处理。（向下取整：向-∞方向取最接近精确值的整数。在这种取整方式下，$5 // 3 = 1$，$-5 // -3 = 1$，$-5 // 3 = -2$，$5 // -3 = -2$）

但是 "/" 运算符在 Python 2.x 和 Python 3.x 中的结果不同。在 Python 2.x 中，整数相除的结果是整数，有浮点数参与运算结果是浮点数。而在 Python 3.x 中，结果都是浮点数，包括两个整数相除后，结果也是浮点数。Python 2.x 和 Python 3.x 中除法运算的差别，如

表 1-2 所示。

表 1-2　除法运算符比较

Python 2.x	Python 3.x	备　注
1/2=0 1.0/2=0.5 4/2.0=2.0 9/2=4	1/2=0.5 1.0/2=0.5 4/2.0=2.0 4/2=2.0	在 Python 2.x 中，只要有浮点数参与，运算结果就是浮点数 在 Python3.x 中，结果都是浮点数
5//2=2 5.0//2=2.0 5//2.0=2.0 -15//10=-2	5//2=2 5.0//2=2.0 5//2.0=2.0 -15//10=-2	"//" 运算中不管两者出现任何数，都以整除结果为准，对结果做向下取整处理

7. 输入函数

Python 2.x 中有两个全局函数，用在命令行请求用户输入。第一个是 input()，它等待用户输入一个 Python 表达式（然后返回结果）。第二个是 raw_input()，获取用户的原始输入，即用户输入什么它就返回什么。

而 Python 3.x 中，只有 input() 函数。并且 Python 3.x 中的 input() 与 Python 2.x 中的 raw_input() 功能一样。

Python 2.x 会自动识别类型，如 str、int、float；而 Python 3.x 只会将输入默认为 str 类型。Python 2.x 和 Python 3.x 中输入函数用法的差别，如表 1-3 所示。

表 1-3　输入函数比较

代码	Python 2.x		Python 3.x
	a=input() print(a)	a=raw_input() print(a)	a=input() print(a)
输入	1+2	1+2	1+2
显示结果	3	1+2	1+2
类型	int（整型）	str（字符串）	str（字符串）

1.3　Python 开发环境安装与配置

在开发 Python 程序之前，必须先完成一些准备工作，那就是在计算机上搭建好 Python 的开发环境。

Python 程序既可以直接使用记事本开发，也可以使用 IDE（integrated development environment，集成开发环境）开发。但大多数项目都使用 IDE 开发。因为 IDE 支持代码高亮、智能提示、可视化等功能，可以大大提升开发效率。本节会介绍其中一个最常用的 Python IDE 工具——Pycharm 的安装和使用。

Python 是跨平台的，可以在很多平台上工作，但目前最常用的三大平台是 Windows、Mac OS X 和 Linux。Python 最常用工作平台，如表 1-4 所示。

表 1-4　Python 最常用工作平台

操　作　系　统	说　　　　明
Windows	推荐使用 Windows 7 或以上版本。Windows XP 系统不支持安装 Python 3.5 及以上版本
Mac OS X	从 Mac OS X 10.3（Panther）开始，系统已包含 Python
Linux	推荐 Ubuntu 版本，因为最新版的 Ubuntu 会自带 Python 2.x 和 Python 3.x

本书主要介绍 Windows 平台中 Python 的运行环境搭建和程序的开发。

可以直接在 Python 的官网下载各操作系统平台的 Python 安装包及相关文件。

（1）Python 安装包：https://www.python.org/downloads/。

（2）Python 文档：https://www.python.org/doc/。

目前，虽然 Python 3.9 系列及新版本已发布，Python 3.8 系列也在不断发布新版本，但因为 3.8 系列和 3.9 系列仍处于 bugfix（错误修复）中。而 Python 3.6 系列和 Python 3.7 系列却处于 security（安全）中。所以本章以 3.7 系列为例来讲解 Python 环境搭建。喜欢体验新版本的读者，可在官网下载并安装最新版本。

1.3.1　Windows 上安装 Python 开发环境

本节的 Python 开发环境的安装版本是 3.7.9（2020 年 8 月 17 日发布）。以下将介绍在 Windows 平台安装 Python 开发环境的步骤。

（1）访问地址 https://www.python.org/downloads/，在菜单中选择 Windows 平台的安装包，如图 1-6 所示。

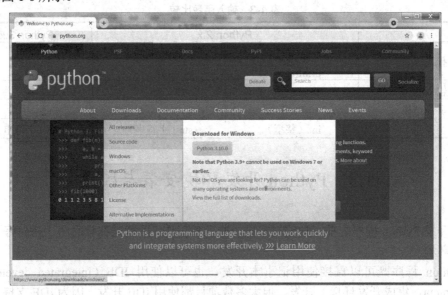

图 1-6　Python 官网首页

（2）选择如图 1-7 所示的 Python 3.7.9 右侧的 Download 命令，进入如图 1-8 所示的下载列表界面，接着选择自己需要的版本。因为笔者的 Windows 操作系统是 64 位的，所以选择 Windows x86-64 executable installer 进行下载，下载完成后的文件名为 Python-3.7.9-amd64.exe。

图 1-7　选择 Python 版本

图 1-8　Python 下载列表

【小贴士】

❑　X86 和 X86-64 的区别：操作系统是 32bit（位）的，还是 64bit（位）的。

❑　web-based、executable、embeddable zipfile 区别。

➢　web-based：通过网络安装。即执行安装后才通过网络下载 Python。

➢　executable：可执行文件。即把 Python 全部下载到本机后再安装。

➢　embeddable zipfile：zip 压缩文件。即把 Python 打包成 zip 压缩包。

（3）双击 Python-3.7.9-amd64.exc 文档，进入 Python 安装向导对话框，如图 1-9 所示。选择 Customize installation，即自定义安装方式，就可以自行选择软件的安装路径。还要选中 Add Python 3.7 to PATH 复选框，在安装过程中会自动添加 Python 环境变量，否则需要手动配置环境变量。

（4）选择自定义安装后，界面如图 1-10 所示。单击 Next 按钮，进入如图 1-11 所示界面。选中复选框中的前五项或采用默认设置，并将安装路径改为 D:\Python\Python379（读者可自行设置路径）。单击 Install 按钮。

图 1-9　Python 安装向导

图 1-10　安装选项界面

（5）Python 的安装速度很快，安装成功后的界面如图 1-12 所示。然后，即可单击 Close 按钮，关闭安装对话框。

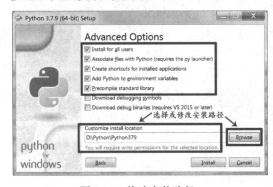

图 1-11　修改安装路径

图 1-12　安装完成界面

（6）验证 Python 是否安装成功。打开"命令提示符"窗口，输入 Python，再按 Enter 键，如果显示内容如图 1-13 所示，则说明本机已成功安装 Python 3.7.9 版本。

图 1-13　Python 安装成功界面

【小贴士】在安装的第一个界面，如果未选中 Add Python 3.7 to PATH 复选框，安装完成后，
　　　　在"命令提示符"窗口输入 python 命令后，会显示："'python'不是内部或外部
　　　　命令，也不是可运行的程序或批处理文件。"需要手动配置 PATH 环境变量。

1.3.2　配置 PATH 环境变量

安装好 Python 后，在"命令提示符"窗口输入 python 命令时，会显示："'python'不
是内部或外部命令，也不是可运行的程序或批处理文件。"这是因为在安装向导界面，没
有选中 Add Python 3.7 to PATH 复选框。需要手动配置 PATH 环境变量。建议将 Python 安
装目录添加到 PATH 环境变量中。

Windows 操作系统配置 PATH 环境变量的步骤如下。

（1）打开"控制面板"界面，单击"系统"按钮，再单击"系统"选项卡左上方的"高
级系统设置"按钮，打开"系统属性"对话框，如图 1-14 所示。

（2）单击"系统属性"对话框中的"环境变量"按钮，弹出"环境变量"对话框。选
中"系统变量"栏中的 PATH 变量，再单击"编辑"按钮，如图 1-15 所示。

图 1-14　"系统属性"对话框　　　　　　　图 1-15　"环境变量"对话框

（3）在弹出的"编辑系统变量"对话框中，在原变量值的最前端添加 D:\Python\
Python379;D:\Python\Python379\Scripts;变量值（注意：最后的";"不能少，它是用于分割
不同的变量值的；再有，D 盘为笔者安装 Python 的路径，读者须按自己的实际情况进行修
改），再单击"确定"按钮完成环境变量的设置，如图 1-16 所示。

图 1-16　"编辑系统变量"对话框

【小贴士】"编辑系统变量"对话框中的"变量值"中不能删除系统变量 PATH 中的原有
          变量值；而且添加的分号为英文半角符号，否则会出错。

（4）设置完成后，再打开"命令提示符"窗口，输入 python 命令，就可以进入 Python
解释器了。

1.3.3　编写第一个 Python 程序

作为一名初学 Python 的程序开发人员，能输出自己的第一个 Python 程序一定非常开心，
并且，对 Python 开发也会更有兴趣！下面通过两种方法来实现第一个 Python 程序的输出。

1. 在"命令提示符"窗口中启动 Python 解释器实现

在"命令提示符"窗口中输出"Hello,world！人生苦短，我用 Python！"，步骤如下。

（1）打开"命令提示符"窗口。选择操作系统的"开始"命令，在"搜索程序和文件"
文本框中输入 cmd 命令，最后按 Enter 键。或者选择操作系统的"开始"→"所有程序"→
"附件"→"命令提示符"命令。

（2）在命令提示符后输入 python，并按 Enter 键，进入 Python 解释器。

（3）在 Python 的提示符">>>"后输入以下代码，并按 Enter 键。

```python
print("Hello,world! 人生苦短，我用 Python! ")
```

【小贴士】在上面的代码中，小括号和双引号都要在英文半角状态下输入，且 print 所有字
          母都是小写，因为 Python 中区分大小写字母。

运行结果，如图 1-17 所示。

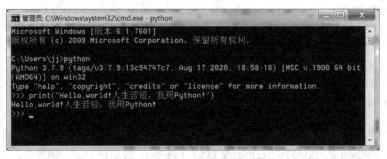

图 1-17　在"命令提示符"窗口输出第一个程序

2. 在 Python 自带的 IDLE 中实现

在"命令提示符"窗口的 Python 解释器中，编写的代码是纯色的，不方便阅读。在安
装 Python 时，自动安装了一个开发工具 IDLE。通过 IDLE 编写的 Python 代码，会用不同
的颜色显示，更容易阅读。

下面用 IDLE 工具，完成"Hello world！人生苦短，我用 Python！"的输出，步骤如下。

（1）打开 IDLE 窗口。选择操作系统的"开始"→"所有程序"→Python 3.7→IDLE
(Python 3.7 64-bit)命令。

（2）在 Python 的提示符"＞＞＞"后输入以下代码，并按 Enter 键。

```
print("Hello world! 人生苦短，我用 Python! ")
```

运行结果，如图 1-18 所示。

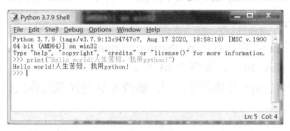

图 1-18　IDLE 窗口

1.3.4　PyCharm 安装和使用

除了 Python 自带的 IDLE 外，还有很多能做 Python 编程的开发工具。本小节对第三方开发工具 PyCharm 进行简要介绍。

PyCharm 是由 JetBrains 公司开发的一款 Python 程序开发工具。它具有调试、语法高亮、Project（项目）管理、代码跳转、智能提示、自动完成、单元测试、版本控制等功能。另外，PyCharm 还支持在 Django（Python 的 Web 开发框架）框架下的 Web 开发。

PyCharm 有两个版本：专业版（Professional）和社区版（Community）。其中，专业版免费试用，可用于科学和 Web Python 开发，支持 HTML、JavaScript 和 SQL。而社区版免费、开源，只用于 Python 开发。

官网可下载 PyCharm 安装文件，地址为 https://www.jetbrains.com/pycharm。

打开 PyCharm 官网，单击右上方的 Download 按钮，进入 PyCharm 下载页面，选择好版本后按 Download 按钮，下载 PyCharm，如图 1-19 所示。

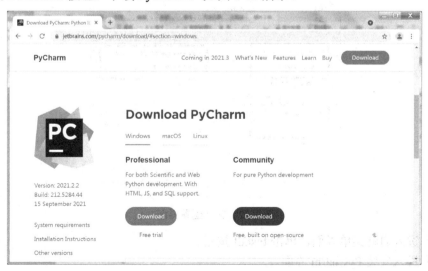

图 1-19　PyCharm 下载页面

读者可根据自己计算机的平台类型，按需要下载 PyCharm 的版本。目前，最新版本是 2021.1.1（2021 年 4 月 22 日发布）。

对于本教材编写的案例，免费、开源的社区版已足够使用。所以，本书以 Windows 操作系统下的 pycharm-community-2019.2.1 为例来讲解 PyCharm 的安装、配置和使用。

1. 安装 PyCharm

（1）下载完 PyCharm 后，双击 pycharm-community-2019.2.1.exe 文档，进入 PyCharm 安装界面，然后单击 Next 按钮，如图 1-20 所示。

（2）进入选择 PyCharm 安装路径界面，修改安装路径或选择默认安装路径，单击 Next 按钮，如图 1-21 所示。

图 1-20   PyCharm 安装界面　　　　　　图 1-21   选择 PyCharm 安装路径界面

（3）进入文件配置界面，选中如图 1-22 所示的复选框或根据自己喜好勾选需要的选项，然后单击 Next 按钮。

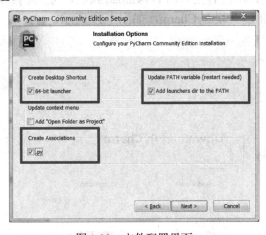

图 1-22   文件配置界面

（4）进入启动菜单界面，单击 Install 按钮。

（5）进入安装 PyCharm 界面。

（6）安装完成后，进入完成安装界面，选择 Reboot now（现在重启）命令或 I want to

manually reboot later（我稍后手动重启）命令，最后单击 Finish 按钮。

【小贴士】大家如果想把 PyCharm 转为中文界面，可在网上搜索汉化包。PyCharm 的汉化过程很简单。

2. 使用 PyCharm

（1）运行 PyCharm 程序（选择"开始"→"所有程序"→JetBrains→JetBrains PyCharm Community Edition 2019.2.1 命令），第一次运行 PyCharm，会显示欢迎界面，单击 Create New Project 按钮即可建立 Python 项目界面。

（2）在 Create Project 对话框中，项目名字直接在 Location 文本框中输入。如果要选择不同的 Python 运行环境，可以单击 Project Interpreter：Python 3.7 右三角按钮，此时，Create Project 对话框下方就会显示 Python 运行环境选择界面。如果已经配置好了 PyCharm 中的 Python 运行环境，可直接从 Interpreter 列表中选择。如果还没有配置 PyCharm，则需要单击 Interpreter 下拉列表框右侧的按钮，如图 1-23 所示。

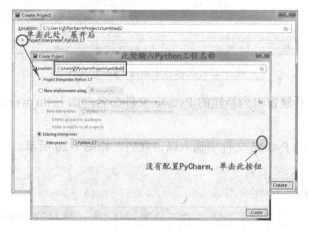

图 1-23　Create Project 对话框

（3）弹出 Add Python Interpreter 对话框，按如图 1-24 所示的步骤进行操作。

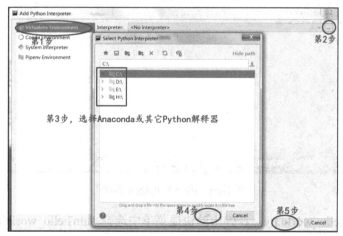

图 1-24　添加&选择 Python 解释器

（4）回到如图 1-23 所示的 Create Project 对话框，选择好刚才指定的 Python 运行环境，单击 Create 按钮，即可创建 Python 项目。

（5）创建好项目后，新建 Python 文件，步骤如图 1-25 所示。

图 1-25　在项目中新建 Python 文件

（6）在弹出的新建窗口为新建的 Python 文件命名，如 hello_world，文件类型已默认为 py，按 Enter 键。

（7）在新建好的 Python 文件中输入以下代码，如图 1-26 所示。

```
print("Hello,world! ")
print("I am a student! ")
```

图 1-26　第一个 Python 程序

（8）右击 hello_world.py，在弹出的快捷菜单中选择 Run'hello_world'命令，运行结果如图 1-27 所示。

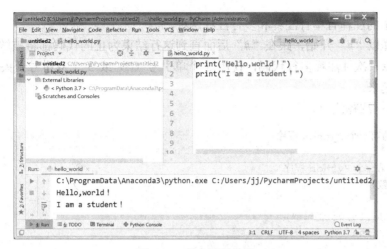

图 1-27　程序运行结果

1.4　Python 编程规范

"不以规矩,不能成方圆"。任何一种语言都有一些约定俗成的编码规范。当然,Python 也不例外。Python 非常重视代码的可读性,对代码布局和排版有更加严格的要求。本节主要介绍 Python 代码编写的一些共同的要求、规范和常用代码的优化建议,最好从编写第一段代码开始就养成遵循规范的好习惯。

1.4.1　语句

Python 中,通常每个语句应该独占一行。但如果语句过长,可以使用反斜杠(\)来实现多行语句,代码如下。

```
cj_sum = cj_yu+cj_yw+cj_sx+\
cj_wl
```

但是,在包含[]、{}或()的语句需分多行时,不需要使用反斜杠(\),代码如下。

```
cj_sum = [cj_yu,cj_yw,cj_sx,
cj_wl]
```

1.4.2　注释

为程序添加注释可以用来解释程序某些部分的作用和功能,提高程序的可读性。除此之外,注释也是调试程序的重要方式。如果不希望执行程序中的某些代码,就可以将这些代码注释掉。Python 解释器会忽略所有的注释语句,即注释语句不影响程序的执行。当然,添加注释的目的还是提高程序的可读性!

Python 允许在任何地方插入空字符或注释,但不能在标识符和字符串中间插入注释。

Python 中的注释有单行注释和多行注释两种。

单行注释以 "#" 开始，跟在 "#" 后面直到这行结束为止的代码都将被解释器忽略。多行注释可以一次性注释多行代码，使用 3 个单引号（'''）或 3 个双引号开头（"""）将注释的内容括起来。

程序 1-1：注释使用。

```
#这是我的第一个 Python 程序
"""
这是我的第一个 Python 程序
请多多指教！
"""
print("Hello,world! ")
print("China! ")
'''
这是我的第一个 Python 程序
请多多指教！
'''
```

运行结果：

```
Hello,world!
China!
```

1.4.3 缩进

在 Python 中，对于类定义、函数定义、流程控制语句、异常处理语句等，行尾的冒号和下一行的缩进，表示的是下一个代码块的开始，而缩进的结束则表示此代码块的结束。

Python 对代码的缩进要求非常严格，同一个级别代码块的缩进量必须一样。

程序 1-2：缩进举例。

```
#这个是输出九九乘法表的代码
i = 1                                              #变量 i 表示列上的数
while i < 10:
    j = 1                                          #变量 j 表示行上的
    while j <= i:
        print("%d*%d=%2d"%(j,i,i*j),end="  ")      #两数相乘，后面有空格
        j=j+1
    print("\n")                                    #回车换行
    i=i+1
```

对于 Python 缩进规则，初学者可以这样理解：Python 要求属于同一作用域中的各行代码的缩进量必须一致，但具体缩进量为多少，并不做硬性规定。

【小贴士】Python 中代码的缩进，可以使用空格或者 Tab 键来实现。但无论是手动敲空格，还是使用 Tab 键，通常情况下都是采用 4 个空格长度作为一个缩进量（默认情况下，一个 Tab 键就表示 4 个空格）。

【小贴士】为了增加 Python 中代码的可读性, 可以适当使用空行和空格。通常在顶级定义
（如函数或类的定义）之间空两行, 而方法定义之间空一行。另外, 在用于分
隔某些功能的位置也可以空一行。而在运算符两侧、函数参数之间以及逗号两
侧, 都建议使用空格进行分隔。

1.5 扩展库安装方法

随着 Python 的广泛使用, Python 的扩展库（也称为模块, 或扩展包）也越来越多, 如
果能够熟练使用各种扩展库, 必将提升工作效率。

安装扩展库之前, 需要先安装好 Python 环境。

安装 Python 扩展库主要有两种方法。第一种方法: 使用 pip 命令行工具在线下载需要
的第三方库。第二种方法: 手动下载第三方库, 再使用 pip 命令安装。

Python 扩展库（第三方库）下载地址: https://pypi.python.org/pypi。

【小贴士】PyPI（Python Package Index）包索引是 Python 官方的第三方库的仓库。

1.5.1 pip 命令安装

pip 是 Python 包管理工具, 该工具提供了对 Python 包的查找、下载、安装、卸载等功
能。Python 2.7.9+或 Python 3.4+以上版本都自带 pip 工具, 无须再安装 pip。如果没有安装
pip, 可以去官网下载, 地址为 https://pypi.org/project/pip/。

一般情况, pip 对应的是 Python 2.7, pip3 对应的是 Python 3.x。本教材安装的是
Python 3.7.9, 所以本节讲解 Python 3.x 中的 pip 工具。

在 "命令提示符" 窗口中输入 pip3, 可显示 pip3 的用法包括命令及选项, 如图 1-28
所示。读者可根据自己的需要, 进一步学习 pip3 命令。

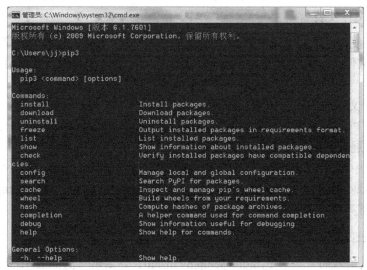

图 1-28 pip3 命令

在"命令提示符"窗口中输入 pip3 list 或 pip list，可以查看当前已安装的 Python 扩展库。

接着，以 Django 库为例，讲解如何使用 pip3 命令安装最新版本扩展库、安装指定版本扩展库、查看当前安装的扩展库的版本、卸载扩展库（在"命令提示符"窗口完成）。

1．安装最新版本的 Django 扩展库

C:\Users\jj> pip3 install django

【小贴士】如果安装的 Python 版本跟最新的 Django 版本不是对应关系，会显示错误。

2．安装指定版本的 Django 扩展库

C:\Users\jj> pip3 install django==3.0.11

3．查看当前安装的 Django 库的版本

C:\Users\jj> pip3 show django

4．卸载 Django 库

C:\Users\jj> pip3　uninstall django

【小贴士】Django 是 Python 编程语言驱动的一个开源模型-视图-控制器（MVC）风格的 Web 应用程序框架。使用 Django，在几分钟之内就可以创建高品质、易维护、数据库驱动的应用程序。Django 的下载地址：https://www.djangoproject.com/download/。

1.5.2　手动下载第三方库，再使用 pip 命令安装

这种方法既然要通过 pip 命令安装，就需要在 pip 环境下才能操作。

1．tar.gz 文件安装

pip 非常方便，但是并不是所有的扩展库都能用 pip 来安装，有的扩展库可能只提供了源码的压缩包文件，或者要求安装环境不能连接外网，这时就可以直接使用 tar.gz 文件进行安装。

下载 tar.gz 文件的步骤，如图 1-29 所示。

（1）打开 Python 扩展库官网地址，在搜索栏中输入 tar.gz，按 Enter 键。

（2）在扩展库页面中单击想要的库文件。

（3）页面中单击 Download files 按钮，再单击 tar.gz 文件，下载。

（4）在本地解压下载的 tar.gz 文件，在"命令提示符"窗口，进入 setup.py 文件所在的目录，执行下列命令即可：

```
python setup.py install
```

【小贴士】如果输入的命令为 python3 setup.py install，会显示"'python3'不是内部或外部命令，也不是可运行的程序或批处理文件。"

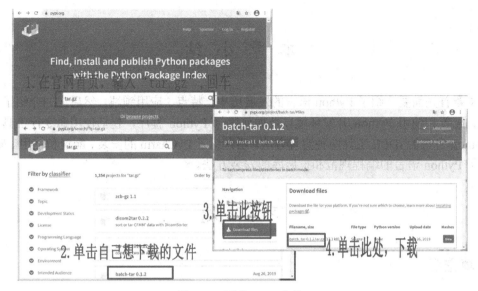

图 1-29   下载 tar.gz 文件

虽然只有一行命令，但对比 pip，这种方式略显烦琐。

2．.whl 文件安装

使用.whl 扩展名的文件是 wheel 文件，专门用于 Python 模块的安装。

.whl 文件的下载方法与 tar.gz 文件类似，只是步骤中搜索时输入改为.whl。下载页面，如图 1-30 所示。

图 1-30   .whl 文件的下载

下载后，在"命令提示符"窗口，进入 whl 文件所在的目录，执行下列命令即可：

```
pip3 install mod9-0.0.1-py3-none-any.whl
```

综上所述，自行安装 Python 扩展库时，除无法安装外，还是使用 pip 命令安装更加方便、快捷。

本 章 小 结

　　本章首先简要介绍了 Python 语言的发展历史、特点、应用领域。然后详细介绍了如何安装、配置和使用 Python 开发环境以及如何运行 Python 程序，包括使用命令行工具和使用 Python 自带的 IDLE 工具两种实现方法。还介绍了 PyCharm 的安装、配置和使用。最后，介绍了 Python 语言的编程规范和扩展库的安装方法。

习　　题

一、填空题

　　1．Python 安装扩展库最常用的是＿＿＿＿＿＿＿工具。

　　2．Python 中单行注释以＿＿＿＿＿＿＿开头。

　　3．Python 中多行注释用＿＿＿＿＿＿＿或＿＿＿＿＿＿＿ 。

　　4．PyCharm 是 JetBrains 公司开发的 Python＿＿＿＿＿＿＿。

　　5．在 Python 扩展库安装中，一般情况下，＿＿＿＿＿＿＿对应的是 Python 2.7，＿＿＿＿＿＿＿对应的是 Python 3.x。

　　6．使用 pip 工具查看当前已安装的 Python 扩展库的完整命令是＿＿＿＿＿＿＿。

　　7．Python 是面向＿＿＿＿＿＿＿的编程语言。

　　8．Python 官方提供了＿＿＿＿＿＿＿工具，使用该工具可以将大部分 Python 2.x 代码转换为 Python 3.x 代码。

　　9．Python 3.x 中使用＿＿＿＿＿＿＿（符号）表示不等于运算符。

　　10．Python 3.x 默认使用的编码是＿＿＿＿＿＿＿编码。

二、判断题

　　1．Python 是一种跨平台、开源、免费的高级动态编程语言。（　　　）

　　2．Python 3.x 完全兼容 Python 2.x。（　　　）

　　3．Python 3.x 和 Python 2.x 唯一的区别就是：print 在 Python 2.x 中是输出语句，而在 Python 3.x 中是输出函数。（　　　）

　　4．在 Windows 平台上编写的 Python 程序无法在 UNIX 平台运行。（　　　）

　　5．不可以在同一台计算机上安装多个 Python 版本。（　　　）

　　6．Python 采用的是基于值的自动内存管理方式。（　　　）

　　7．Python 属于编译型语言。（　　　）

　　8．"//" 运算符在 Python 2.x 和 Python 3.x 中是一致的，都是 floor 除法。（　　　）

9．Python 语言可移植性差。（　　　）

10．Python 3.x 中，print()是一个函数。（　　　）

三、选择题

1．print(1+2)的输出是（　　　）。

　　A．1+2　　　　　　B．1　　　　　　C．2　　　　　　D．3

2．Python 程序源文件的扩展名是（　　　）。

　　A．Python　　　　B．pyc　　　　　C．pp　　　　　D．py

3．Python 语言属于（　　　）。

　　A．机器语言　　　B．汇编语言　　　C．高级语言　　　D．科学计算语言

四、简答题

1．按照程序的转换方式，高级语言分为哪两种？

2．简述 Python 的应用领域（至少 3 个）。

五、编程题

1．编写第一个 Python 程序，运行该程序并输出 Hello everyone！I am a student.。

2．编写 Python 程序，输出如下图形效果。

```
* * * * * * * *
*           *
* * * * * * * *
```

第2章 基本语法

学习目标

- ❏ 掌握 Python 标识符、变量、基本数据类型。
- ❏ 了解 Python 关键字。
- ❏ 掌握 Python 运算符与表达式。
- ❏ 了解 Python 常用内置函数用法。
- ❏ 掌握 Python 的 3 种流程控制结构。

任务导入

工欲善其事，必先利其器。学习一门编程语言也是如此，对编程语言语法的学习是熟练掌握一门编程语言的基础。Python 与 C、PHP、Java 等计算机语言有着许多相似之处，但是也具有一些差异。下面就让我们一起进行学习，了解 Python 的特性。

2.1　基　本　概　念

2.1.1　标识符

标识符主要用于区分不同变量、方法、类以及其他对象的名称。Python 标识符的命名需要遵守一定的命名规则，主要包括如下 3 项。

（1）Python 标识符由大小写字母、下画线和数字组成，且第一个字符不能是数字。

（2）Python 标识符不能和 Python 中的关键字相同，关键字具体见后面章节介绍。

（3）Python 标识符不能包含空格、@、%以及$等特殊字符。

例如，下面所列举的字符串是合法标识符：

```
StudentID
age
mode12
user_age
```

以下列举的字符串是非法标识符：

```
4date    #不能以数字开头
try      #try 是关键字，不能作为标识符
$hobby   #不能包含特殊字符
```

（4）在 Python 中，标识符中的字母是严格区分大小写的。例如，用同一个单词命名

的标识符，字母大小写不同，代表的意义也是完全不同的。下面这 3 个变量之间，就是完全独立、毫无关系的，它们彼此之间是相互独立的。

```
number = 0
Number = 0
NUMBER = 0
```

（5）Python 语言具有面向对象的特征，下画线开头的标识符有特殊含义。例如，以单下画线开头的标识符（如_width），表示不能直接访问的类属性，其无法通过 from...import * 的方式导入；以双下画线开头的标识符（如_ _add）表示类的私有成员；以双下画线作为开头和结尾的标识符（如_ _init_ _）是专用标识符。因此，除非特定场景需要，应避免使用以下画线开头的标识符。

2.1.2 关键字

Python 语言预先定义了一部分有特殊意义的标识符，这部分标识符被称作关键字，其主要用于编译器编译源程序，不能作为标识符用于变量、函数、类、模板以及其他对象命名。Python 中主要的关键字，如表 2-1 所示。

表 2-1 Python 常用关键字

False	None	True	and	as	assert
break	class	continue	def	del	elif
else	except	finally	for	from	global
if	import	in	is	lambda	nonlocal
or	not	pass	return	try	raise
while	with	yield			

通过一个命令，可以查看 Python 所有的关键字。

程序 2-1：查看 Python 的关键字。

```
from keyword import kwlist
print(kwlist)
```

运行结果：

```
['False', 'None', 'True', 'and', 'as', 'assert', 'break', 'class',
'continue', 'def', 'del', 'elif', 'else', 'except', 'finally', 'for', 'from',
'global', 'if', 'import', 'in', 'is', 'lambda', 'nonlocal', 'not', 'or', 'pass',
'raise', 'return', 'try', 'while', 'with', 'yield']
```

2.1.3 常量与变量

1. 常量

不像 Java 或者 C 语言，Python 中没有规定单独的语法定义常量。Python 语言是用完全大写字母的变量来表示这个变量不应该被改变，即常量。例如，Python 中使用以下代码表示一个常量：

```
MAXCOUNT = 10
```

2. 变量

计算机程序处理的数据通常由操作系统将数据从外存读取到内存，然后由开发者编写的程序处理这些数据。机器语言和汇编语言直接通过内存单元的地址访问，类似 Python 的高级语言则通过内存单元命名来访问这些数据，其中内存单元命名被称为变量。

与 Java 和 C 语言不同，在 Python 语言中变量不需要遵循"先定义，后赋值"的规定。Python 中的变量无须声明其数据类型就可以被创建，每个变量在内存中创建，都包括变量的标识、名称和数据这些信息。虽然 Python 的变量无须声明数据类型，但是每个变量在使用前都必须赋值，变量赋值以后该变量才会被创建。赋值号"="运算符左边是一个变量名，赋值号"="运算符右边是存储在变量中的值。设想以下一个场景，假如在一个学生信息管理系统中，如何给一位学生的各种属性赋值呢？

程序 2-2：变量的声明和赋值。

```
age = 18            #赋值整型变量
height = 172.3      #赋值浮点型
name = "Mike"       #赋值字符串
print(age)
print(height)
print(name)
```

以上实例中，18、172.3 和 Mike 分别被赋值给 age、height 和 name 变量。

执行程序 2-2，运行结果：

```
18
172.3
Mike
```

Python 允许同时为多个变量赋值。例如：

```
weight = height = 150
print(weight)
print(height)
```

运行结果：

```
150
150
```

通过运行结果可以看到，变量 weight 和 height 的输出值都为 150。以上实例，创建一个整型对象，值为 150，两个变量被分配到相同的内存空间上。Python 也支持为多个对象指定多个变量。例如：

```
age, height, name = 18, 172.3, "Mike"
print(age)
print(height)
print(name)
```

运行结果：

```
18
172.3
Mike
```

以上实例，整型对象 18 分配给变量 age，浮点型对象 172.3 分配给了变量 height，字符串对象"Mike"分配给变量 name。

2.1.4 基本数据类型

计算机存储的数据可以有多种类型。以上面情景为例，学生的年龄可以用整数类型来存储，身高可以用浮点类型来存储，名字可以用字符类型来存储。Python 定义了一些标准类型，用于存储各种类型的数据。Python 的数据类型指明了数据的状态和行为，包括 number（数值类型）、str（字符串类型）、list（列表类型）、tuple（元组类型）、dictionary（字典）等。其中，数值类型是 Python 的基本数据类型，包括 int（整数类型）、float（浮点型）、complex（复数类型）和 bool（布尔类型）4 种。

Python 定义变量无须指定变量类型，Python 解释器会在运行时自动推断变量的数据类型。可以通过 type()函数来查看变量类型，对于上面的例子，可以添加如下代码测试一下。

程序 2-3：变量的类型测试。

```
name="Mike"
age=18
print(type(name))        #str
print(type(age))         #int
```

运行结果：

```
Mike
18
<class 'str'>
<class 'int'>
```

1. 整数类型

Python 中的整数包括正整数、0 和负整数，不会按照精度分为 short、long 等类型，统一指定为 int 类型。默认情况下，整数采用十进制。但是也可以在定义的时候使用其他进制，分别是二进制（以 0B 或者 0b 开头）、八进制（以 0O 开头或者 0o 开头）和十六进制（以 0X 或者 0x 开头）。下面看一个不同进制整数的例子。

程序 2-4：不同进制整数类型测试。

```
x=0o116
y=0B1001
z=0xA2FC
print(x)
print(y)
print(z)
print(type(x),type(y),type(z))
```

运行结果：

```
78
9
41724
<class 'int'><class 'int'><class 'int'>
```

2．浮点类型

在 Python 中，小数常用浮点类型的变量进行表示。其写法可以采用普通的数学写法，例如，1.234；也可以使用科学计数法表示，如-2.34e10。其中，使用小写的 e 或大写的 E 表示 10 的幂，例如，-2.34e10 就表示-2.34×10^{10}。下面来看一个关于浮点类型变量的例子。

程序 2-5：float 使用示例。

```
num1_float = 22.1
num2_float = 2.3e11
print(num1_float)
print(num2_float)
print(type(num1_float))
print(type(num2_float))
```

运行结果：

```
22.1
230000000000.0
<class 'float'>
<class 'float'>
```

3．布尔类型

布尔类型也被称为 Bool 类型，可以看作一种特殊的整型，主要用于表示表达式的值为真还是假。在 Python 中，所有内置的数据类型与标准库提供的数据类型都可以转换为一个布尔类型的值。Python 中布尔值使用关键字 True 和 False 来表示（注意首字符大写）。

如果将布尔值进行数值计算，True 会被当作整数 1，False 会被当成整数 0。每一个 Python 对象都自动具有布尔值，可以用作布尔测试，其中，只要对象非 0 或者非空，其布尔值均为 True。下面通过一个例子来测试一下布尔类型的用法。

程序 2-6：布尔测试类型。

```
i1=0
```

```
print(type(i1),bool(i1))
i2=1
print(type(i2),bool(i2))
f1=0.0
print(type(f1),bool(f1))
f2=1.2
print(type(f2),bool(f2))
c1=0.0+0.0j
print(type(c1),bool(c1))
c2=1.7+5j
print(type(c2),bool(c2))
str1=""
print(type(str1),bool(str1))
str2="hello"
print(type(str2),bool(str2))
l1=[]                                    #列表类型
print(type(l1),bool(l1))
l2=[5,9]
print(type(l2),bool(l2))
d={}                                     #字典类型
print(type(d),bool(d))
```

运行结果：

```
<class 'int'> False
<class 'int'> True
<class 'float'> False
<class 'float'> True
<class 'complex'> False
<class 'complex'> True
<class 'str'> False
<class 'str'> True
<class 'list'> False
<class 'list'> True
<class 'dict'> False
```

4．复数类型

复数类型用于表示数学中的复数，一般的写法为 x+yj。其中，x 是复数的实数部分，y 是复数的虚数部分。这里的 x 和 y 都是实数。例如，3+4j、-5.3-6.8j 等都是复数类型。在 Python 中，一个复数必须有表示虚部的 j，例如，1j 和-1j 都是复数；而 0 或者 0.0 都不是复数。表示虚部的实数部分即使是 1 也不可以省略。下面来看一个关于复数的例子。

程序 2-7：复数测试类型。

```
y=5.8+6j
print(y)
print(type(y))
```

```
print(y.real)                    #f.real 表示取复数的实部
print(y.imag)                    #f.imag 表示取复数的虚部
print(type(1+1j))                #虚部部分的 1 不可以省略
# print(type(1+j))               #程序会报错
```

运行结果:

```
(5.8+6j)
<class 'complex'>
5.8
6.0
<class 'complex'>
```

2.2 Python 表达式与运算符

程序设计主要为了解决一些科学计算,如何用计算机计算科学问题。首先要定义一套规则表示科学计算中的表达式。从内容上来看,计算机语言中的表达式主要分为数学表达式、逻辑表达式、数据类型表达式等。从语法上来看,Python 语言主要定义了赋值运算符、算术运算符、比较(关系)运算符、逻辑运算符、位运算符等。当多个运算符在同一个表达式中时,还需要定义运算符的优先级。

2.2.1 表达式

1. 表达式的组成

表达式由操作数、运算符和圆括号按一定规则组成。操作数即变量或者常量。表达式通过运算后产生运算结果,其类型由操作数和运算符共同决定。

表达式可以非常简单,也可以非常复杂。当表达式包含多个运算符时,运算符的优先级控制各个运算符的计算顺序。

2. 表达式的书写规则

Python 表达式的书写遵循下列规则。

(1)乘号不可以省略。例如,z=xy(表示 x 乘以 y,并赋值给 z),应写为 z=x*y。

(2)括号必须成对出现,并且只能使用圆括号。圆括号可以嵌套使用。

2.2.2 运算符

1. 赋值运算符

赋值运算符主要是为变量赋值,但赋值运算符可以与算术运算符结合,形成复合赋值运算符。

假设变量 x 的值为 2,变量 y 的值为 1,各赋值运算符的例子,如表 2-2 所示。

表 2-2　Python 的赋值运算符

运　算　符	描　　述	实　例
=	赋值运算符	z = x + y 将 x 加 y 的运算结果赋值给 z
+=	加法赋值运算符	z += x 等价于 z = z + x
-=	减法赋值运算符	z -= x 等价于 z = z - x
*=	乘法赋值运算符	z *= x 等价于 z = z * x
/=	除法赋值运算符	z /= x 等价于 z = z / x
%=	取模赋值运算符	z %= x 等价于 z = z % x
**=	幂赋值运算符	z **= x 等价于 z = z ** x
//=	取整除赋值运算符	z //= x 等价于 z = z // x

2．算术运算符

算术运算符主要用于完成基本的算术运算，包括加、减、乘、除、取模运算、幂运算、整除运算。假设变量 x 的值为 2，变量 y 的值为 1，各种算术运算符的返回结果，如表 2-3 所示。

表 2-3　Python 中的算术运算符

运　算　符	描　　述	实　例
+	加法运算，返回两个操作数相加结果	x + y 返回 3
-	减法运算，返回操作数的负数或是两个操作数相减结果	x - y 返回 1
*	乘法运算，返回两个操作数相乘结果或返回一个被重复若干次的字符串	x * y 返回 2
/	除法运算，返回两个操作数相除结果	x / y 返回 2.0
%	取模运算，返回除法的余数	x % y 返回 0
**	幂运算，返回 x 的 y 次幂	x**y 返回 2
//	取整除运算，返回商的整数部分（向下取整）	y // x 返回 0

3．比较（关系）运算符

比较运算符主要用于同种类型的数据比较大小，假设变量 x 的值为 2，变量 y 的值为 1，比较运算符的计算结果，如表 2-4 所示。

表 2-4　Python 的比较运算符

运　算　符	描　　述	实　例
==	等于，比较两个操作数是否相等	(x == y)返回 False
!=	不等于，比较两个操作数是否不相等	(x != y)返回 True
>	大于，返回 x 是否大于 y	(x > y)返回 True
<	小于，返回 x 是否小于 y	(x < y)返回 False
>=	大于等于，返回 x 是否大于等于 y	(x >= y)返回 True
<=	小于等于，返回 x 是否小于等于 y	(x <= y)返回 False

4. 逻辑运算符

逻辑运算符主要用于逻辑运算，Python 语言支持与、或、非 3 种逻辑运算符，如表 2-5 所示。

表 2-5　Python 的逻辑运算符

运　算　符	描　述	实　例
and	逻辑与运算	x and y，如果 x 为 False，x and y 返回 False，否则返回 y 的计算值
or	逻辑或运算	x or y，如果 x 是非 0 对象，返回 x 的值，否则返回 y 的计算值
not	逻辑非运算	not x，如果 x 为 True，返回 False。如果 x 为 False，返回 True

5. 位运算符

为了更好地处理字节数据 Python 也支持按位运算，主要通过位运算符实现；按位运算是基于数据的二进制进行的。例如，变量 x 的值 20，y 的值为 15，那么变量 x 在内存中存放的二进制格式为 00010100，变量 y 在内存中存放的二进制格式为 00001111，计算它们之间进行位运算的结果，如表 2-6 所示。

表 2-6　Python 的位运算符

运　算　符	描　述	实　例
&	按位与运算符：操作数相应位都为 1，则该位的结果为 1，否则为 0	(x & y)输出结果 4，其二进制为 00000100
|	按位或运算符：操作数相应位只要一侧为 1，则该位的结果为 1，否则为 0	(x | y)输出结果 31，其二进制为 00011111
^	按位异或运算符：操作数相应位相异时，结果为 1，否则为 0	(x ^ y)输出结果 27，其二进制为 00011011
~	按位取反运算符：对操作数的每个二进制位取反，即把 1 变为 0，把 0 变为 1	(~x)输出结果 −21，其二进制为 11101011
<<	左移动运算符：运算数的各二进制位全部左移若干位，由<<右边的数字指定了移动的位数，高位丢弃，低位补 0	x << 2 输出结果 80，其二进制为 01010000
>>	右移动运算符：把>>左边的运算数的各二进制位全部右移若干位，高位补 0，>>右边的数字指定了移动的位数	x >> 2 输出结果 5，其二进制为 00000101

6. 运算符优先级

当一个表达式含有多个运算符时，其运算的顺序按照运算符的优先级进行。Python 语言定义了所有运算符的优先级，按照由高到低的顺序运算符优先级的定义，如表 2-7 所示。

表 2-7 Python 的运算符优先级列表

运 算 符	描 述
**	指数（最高优先级）
~、+、-	按位取反，一元加号和减号（正号和负号）
*、/、%、//	乘、除、取模和取整除
+、-	加法和减法
>>、<<	右移、左移运算符
&	位'AND'
^、|	位运算符
<=、<>、>=	比较运算符
<>、==、!=	等于运算符
=、%=、/=、//= -=、+=、*=、**=	赋值运算符
Not、and、or	逻辑运算符

2.3 Python 常用内置函数

Python 作为一门高级语言，数据处理是基本的功能，为了简化开发者的编程过程，Python 语言默认实现了一些常用的函数。这些函数在使用的时候，并不需要导入，而是直接使用。常用的内置函数主要包括数学运算函数、类型转换函数、字符串处理函数及其他函数，如表 2-8 所示。

表 2-8 Python 常用内置函数汇总

函 数 名	功 能	输 入 参 数	返 回 值
abs()	返回数字的绝对值	数值型数据	数值型数据
complex()	创建一个复数	实部与虚部	复数类型对象
bool()	将参数转换为布尔类型的数据	要进行转换参数的数 x	布尔值
chr()	返回对应 ASCII 码的字符	十进制或者十六进制的数字	字符类型对象
bytes()	将参数转换成字节类型	整数、字符串等	新的字节对象
range()	生成一个指定范围的整数，返回一段从 start 开始到 stop 结束，间隔为 step 的连续整数	起始整数 start，结束整数 stop，步长 step	可迭代对象
min()	返回给定元素中的最小值	若干个整数或浮点数	参数的最小值
bin()	将十进制转换为二进制	整数	整数的二进制形式
power()	幂函数，计算 x 的 y 次方	整数 x、整数 y	整数
float()	将参数转换为浮点数	整数或字符串	浮点数
int()	将参数转换为整数	字符串或数字 x	整数
max()	求最大值	若干个整数或浮点数	参数的最大值
len()	返回对象长度	任意对象	对象长度
round()	对参数进行四舍五入	浮点数	整数

续表

函 数 名	功　　能	输 入 参 数	返 回 值
oct()	将参数转换为八进制数	整数	整数八进制形式
str()	构造字符串类型的数据	对象	对象的字符串格式
sum()	求和函数	整数或浮点数	求和结果
divmod()	求商和余数，返回商及余数	整数或浮点数	整数

2.4　程序流程控制

Python 程序中语句执行的顺序包括 3 种基本控制结构：顺序结构、选择结构、循环结构。在解决实际问题时，会根据不同的条件来选择不同的操作，或者经常会需要重复处理相同或相似的操作。

2.4.1　顺序结构

顺序结构是最简单的控制结构，按照代码的书写顺序依次从上到下执行，如图 2-1 所示。这是一个顺序结构的流程，它有一个入口、一个出口，依次执行代码块 1、代码块 2、代码块 3。

下面看一个顺序结构的例子。

程序 2-8：输入两个整数，输出两个整数相加的结果。

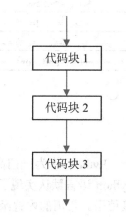

图 2-1　顺序结构执行过程

```
x=int(input("请输入第一个整数："))
y=int(input("请输入第二个整数："))
z=x+y
print("两数之和为：",z)
```

执行以上程序，依次输入 1 和 2，运行结果：

```
请输入第一个整数：1
请输入第一个整数：2
两数之和为：3
```

2.4.2　选择结构

Python 中代码默认都是顺序执行的。但是，很多情况顺序结构的代码是远远不够的；例如，现在有一个国旗队招新报名程序，限制身高 180 厘米，如果身高不够就不能进行报名。这时候程序就需要做出判断，看学生身高是否达标，并给出提示。

在 Python 中，可以使用 if else 语句对条件进行判断，然后根据不同的结果执行不同的代码，这称为选择结构或者分支结构。Python 中的选择结构分为单分支结构、双分支结构和多分支结构，分别通过使用 if 语句、if else 语句和 if elif else 语句来实现。

【小贴士】以上 3 种结构中，双分支结构和多分支结构是相通的，若多分支结构的 elif 不出现，则选择结构为双分支结构。另外，elif 和 else 都不能单独使用，必须和 if 一起出现，并且要正确配对。

1．单分支结构

单分支结构是最简单的一种分支结构，用于表示如果表达式满足某一条件则执行 if 语句下的代码块。单分支结构中表达式后面的冒号 ":" 是不可缺少的，表示一个语句的开始，语法格式如下：

```
if 表达式:
    代码块
```

其执行过程如图 2-2 所示。

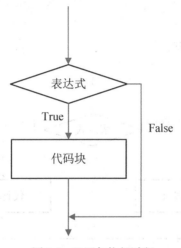

图 2-2　if 语句执行过程

下面通过一个实例来进行 if 语句的执行。

程序 2-9：使用第一种选择结构判断学生的身高是否符合条件。

```
height = int(input("请输入您的身高："))

if height < 180:
    print("您的身高不满足报名条件")

#该语句不属于 if 的代码块
print("报名中...")
```

运行结果 1：

```
请输入您的身高：178
您的身高不满足报名条件
报名中...
```

运行结果 2：

```
请输入您的身高：181
报名中...
```

从运行结果可以看出，如果输入的数字小于 180，就执行 if 后面的语句块；如果输入
的数字大于等于 180，就跳过 if 后面的语句块。

2. 双分支结构

if else 语句块也被称为双分支结构语句块，当表达式值为 True 时，执行代码块 1，否
则执行代码块 2，语法格式如下：

```
if 表达式:
    代码块 1
else:
    代码块 2
```

其执行过程，如图 2-3 所示。

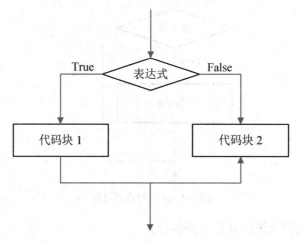

图 2-3 if else 语句执行过程

同样通过实例来进行流程的演示。

程序 2-10：改进上面的代码，身高不满足国旗队招新条件时，输出提示信息。

```
height = int(input("请输入您的身高："))
if height < 180:
    print("很抱歉，您的身高不满足报名条件")
else:
    print("您的身高满足报名条件")
```

运行结果 1：

```
请输入您的身高：178
很抱歉，您的身高不满足报名条件
```

运行结果 2：

请输入您的身高：183
您的身高满足报名条件

3．多分支结构

多分支结构为用户提供了更多的选择，可以实现复杂的业务逻辑，其语法格式如下：

```
if 表达式 1:
    代码块 1
elif 表达式 2:
    代码块 2
elif 表达式 3:
    代码块 3
...//其他 elif 语句
else:
    代码块 n
```

多分支结构的执行过程，如图 2-4 所示。

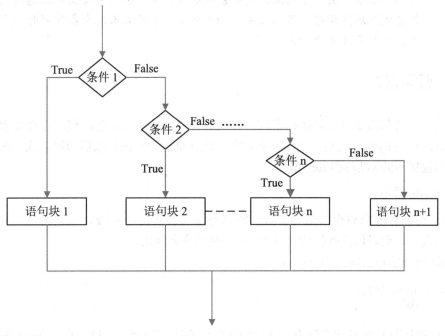

图 2-4　if elif else 语句执行过程

通过以下案例来演示多分支结构的流程。

程序 2-11： 判断一个学生的身材是否处于正常 BMI 范围内。

```
height = float(input("输入身高（米）: "))
weight = float(input("输入体重（千克）: "))
bmi = weight / (height * height)  #计算 BMI 指数
if bmi < 18.5:
```

```
    print("BMI 指数为: "+str(bmi))
    print("体重过轻")
elif 18.5<=bmi<24.9:
    print("BMI 指数为: "+str(bmi))
    print("正常范围, 注意保持")
elif 24.9<=bmi<29.9:
    print("BMI 指数为: "+str(bmi))
    print("体重过重")
else:
    print("BMI 指数为: "+str(bmi))
    print("肥胖")
```

运行结果:

```
输入身高（米）: 1.7
输入体重（千克）: 65
BMI 指数为: 22.49134948096886 正常范围, 注意保持
```

【小贴士】Python 如果判断需要满足表达式内任一条件才执行后续语句，可以使用 or（或），
表示两个条件有一个成立时判断条件成功；如果判断需要满足表达式内多个条
件才执行后续语句，可以使用 and（与），表示只有两个条件同时成立的情况
下，判断条件才为 True。

2.4.3　循环语句

如果一个语句需要被重复执行多次，若没有合适的结构来表达，代码将会变得十分臃
肿。本节将介绍 Python 的循环语句，循环语句允许执行一个语句或语句组多次，Python 中
循环语句包括 while 循环和 for 循环。

1．while 循环

while 循环和 if 条件分支语句类似，即在条件（表达式）为 True 的情况下，会执行相
应的代码块；直至表达式条件变为 False 后，循环才会停止。

while 循环的语法格式如下：

```
while 条件表达式:
    代码块
```

while 循环执行的具体流程为：首先判断条件表达式的值，其值为真（True）时，则执
行代码块中的语句；循环体执行完毕后，将会回到条件表达式的判断中，若仍为真，则继
续重新执行代码块……如此循环，直到条件表达式的值为假（False），才终止循环。其执
行流程，如图 2-5 所示。

程序 2-12：使用 while 循环打印 1～100 的所有数字。

```
#循环的初始化条件
num = 1
#当 num 小于 100 时，会一直执行循环体
```

```
while num < 101 :
    print("num=", num)
    #迭代语句
    num += 1
print("循环结束!")
```

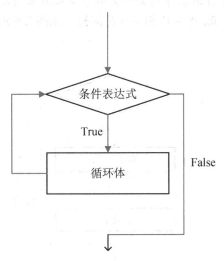

图 2-5　while 循环语句执行过程

　　观察代码，while 循环的条件表达式为 num<101，是因为程序在输出完 100 后，num 的值变为 101；此时进入条件表达式后，条件表达式为假（101<101），不满足循环条件，循环将不再进行，输出"循环结束！"。

　　注意，在使用 while 循环时，一定要保证循环条件有变成假的时候，否则这个循环将成为一个死循环。所谓死循环指的是无法结束循环的循环结构，例如，将上面 while 循环中的 num += 1 代码注释掉，再运行程序将会发现，Python 解释器一直在输出"num= 1"，永远不会结束（因为 num<101 一直为 True），除非强制关闭解释器。

　　除此之外，while 循环还常用来遍历列表、元组和字符串；因为它们都支持通过下标索引获取指定位置的元素。例如，下面程序演示了如何使用 while 循环遍历一个字符串变量。

　　程序 2-13：使用 while 循环遍历一个字符串变量。

```
str="The age of Mike is 18, and he is 1.7m tall"
i = 0
while i<len(str):
    print(str[i],end="")
    i = i + 1
```

运行结果：

```
The age of Mike is 18, and he is 1.7m tall
```

2. for 循环

Python 另一种循环语句为 for 循环，它常用于遍历字符串、列表、元组、字典、集合等序列类型；它将逐个获取序列中的各个元素并保存到迭代变量之中。

for 循环的语法格式如下:

```
for 迭代变量 in 字符串|列表|元组|字典|集合:
    代码块
```

格式中，迭代变量用于存放从序列类型变量中读取出来的元素；所以，一般不会在循环中对迭代变量手动赋值。for 循环语句的执行流程，如图 2-6 所示。

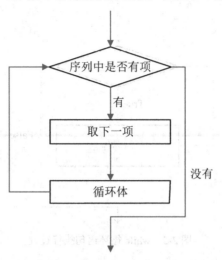

图 2-6　for 循环语句执行过程

下面的程序演示了 for 循环的具体用法。

程序 2-14：使用 for 循环遍历字符串。

```
ado = "The age of Mike is 18, and he is 1.7m tall"
#for 循环，遍历 ado 字符串
for ch in ado:
    print(ch,end="")
```

运行结果:

```
The age of Mike is 18, and he is 1.7m tall
```

可以看到，使用 for 循环遍历 str 字符串的过程中，迭代变量 ch 会先后被赋值为 str 字符串中的每个字符，并代入循环体中使用。

在使用 for 循环时，最基本的应用就是进行数值循环。例如，想要实现从 1 到 100 的累加，可以执行程序 2-15 代码。

程序 2-15：用 for 循环实现 1～100 的累加，并输出累加和。

```
print("计算 1+2+...+100 的结果为: ")
#保存累加结果的变量
sum = 0
#逐个获取从 1 到 100 这些值，并做累加操作
for i in range(101):
```

```
    sum += i
print(sum)
```

运行结果：

```
计算 1+2+...+100 的结果为：
5050
```

上面代码中，使用了 range() 函数，此函数是 Python 内置函数，用于生成一系列连续整数，多用于 for 循环中。

3．循环嵌套

Python 语言允许在一个循环体里嵌入另一个循环。Python 不仅支持 if 语句相互嵌套，while 循环结构和 for 循环结构也支持嵌套；循环执行顺序为从里到外，程序从最外层的循环开始执行，只有内层的循环执行完毕后，外层循环才会继续进行。

Python for 循环嵌套的语法格式如下：

```
for 迭代变量 in 字符串|列表|元组|字典|集合：
    for 迭代变量 in 字符串|列表|元组|字典|集合：
        代码块 1
    代码块 2
```

Python while 循环嵌套的语法格式如下：

```
while 条件表达式：
    while 条件表达式：
        代码块 1
    代码块 2
```

当两个（甚至多个）循环结构相互嵌套时，位于外层的循环结构常简称为外层循环或外循环，位于内层的循环结构常简称为内层循环或内循环。

循环嵌套结构的代码，Python 解释器执行的流程如下。

（1）当外层循环条件为 True 时，则执行外层循环中的循环体。

（2）外层循环体中包含了普通程序和内循环，当内层循环的循环条件为 True 时会执行此循环中的循环体，直到内层循环条件为 False，跳出内循环。

（3）如果此时外层循环的条件仍为 True，则返回第 2 步，继续执行外层循环体，直到外层循环的循环条件为 False。

（4）当内层循环的循环条件为 False，且外层循环的循环条件也为 False，则整个嵌套循环才算执行完毕。

程序 2-16： 使用嵌套循环输出 2～100 的素数。

```
i = 2
while (i < 100):
    j = 2
    while (j <= (i / j)):
        if not (i % j): break
```

```
        j = j + 1
    if (j > i / j):
        print(i, "是素数")
    i = i + 1
print("Good bye!")
```

　　程序从循环最外层进入，首先判断 i 是否小于 100；内层循环的作用为判断 i 是否为素数，若为素数，则输出；只有内层的循环判断结束后，i 的值才会加 1，最外层循环条件表达式为 False 后，程序结束。

　　运行结果：

```
2 是素数
3 是素数
5 是素数
7 是素数
11 是素数
13 是素数
17 是素数
19 是素数
23 是素数
29 是素数
31 是素数
37 是素数
41 是素数
43 是素数
47 是素数
53 是素数
59 是素数
61 是素数
67 是素数
71 是素数
73 是素数
79 是素数
83 是素数
89 是素数
97 是素数
Good bye!
```

4．break 语句

　　如果不加中断语句，while 循环和 for 循环语句将会一直执行，直至条件表达式为 False。但是，在某些场景可能希望在满足某一条件后，循环语句在循环结束前就强制结束循环，Python 提供了两种强制离开当前循环体的办法如下。

　　（1）使用 continue 语句，可以跳过执行本次循环体中剩余的代码，转而执行下一次的循环。

　　（2）使用 break 语句，可以停止当前循环。

　　本节先讲解 break 的用法，continue 语句放到"5．continue 语句"再做详细介绍。

　　Python 的 break 语句用来终止循环语句，即循环的条件表达式没有达到 False 条件或者后面的代码块还没被执行完，也会停止执行循环语句。while 循环和 for 循环中都能使用 break 语句；如果使用单层循环，则 break 语句执行后，循环结束；如果使用嵌套循环，break 语句将停止执行最内层的循环，并开始执行下一个代码块，进入外层的下一次循环。

break 语句的语法非常简单，只需要在相应 while 循环或 for 循环中直接加入即可，如程序 2-17。

程序 2-17： break 举例。

```
str = "The age of Mike is 18, and he is 1.7m tall"
#一个简单的 for 循环
for i in str:
    if i == ',' :
        #终止循环
        break
    print(i, end="")
print("\n 执行循环体外的代码")
```

运行结果：

```
The age of Mike is 18
执行循环体外的代码
```

分析上面程序不难看出，当循环至 str 字符串中的逗号（,）时，程序执行 break 语句，其会直接终止当前的循环，跳出循环体。

【小贴士】 break 语句一般会结合 if 语句进行搭配使用，表示在某种条件下跳出循环体。

注意，通过前面的学习已经知道，for 循环后也可以配备一个 else 语句。这种情况下，如果使用 break 语句跳出循环体，不会执行 else 中包含的代码，如程序 2-18。

程序 2-18： break 应用示例。

```
ado = "The age of Mike is 18, and he is 1.7m tall"
for i in ado:
    if i == ',':
        #终止循环
        break
    print(i, end="")
else:
    print("执行 else 语句中的代码")
print("\n 执行循环体外的代码")
```

运行结果：

```
The age of Mike is 18
执行循环体外的代码
```

从输出结果可以看出，使用 break 跳出当前循环体之后，该循环后的 else 代码块不会被执行。但是，如果循环没有遇到 break，即循环正常结束，else 代码块中的代码将会被执行。

另外，对于嵌套的循环结构来说，break 语句只会终止所在循环体的执行，而不会作用于所有的循环体，如程序 2-19。

程序 2-19：嵌套循环示例。

```python
str = "The age of Mike is 18, and he is 1.7m tall"
for i in range(3):
    for j in str:
        if j == ',':
            break
        print(j,end="")
    print("\n跳出内循环")
```

运行结果：

```
The age of Mike is 18
跳出内循环
The age of Mike is 18
跳出内循环
The age of Mike is 18
跳出内循环
```

分析上面程序，每当执行内层循环时，只要循环至 str 字符串中的逗号（,）就会执行 break 语句，它会立即停止执行当前所在的内层循环体，转而继续执行外层循环。

5．continue 语句

continue 不会终止整个循环，它只会终止执行本次循环中剩下的代码，直接从下一次循环继续执行。

continue 语句的用法和 break 语句一样，只要在 while 循环或 for 循环中的相应位置加入即可。举个例子。

程序 2-20：continue 应用示例。

```python
#一个简单的 for 循环
str = "The age of Mike is 18, and he is 1.7m tall"
for i in str:
    if i == ',':
        #忽略本次循环的剩下语句
        print('\n')
        continue
    print(i,end="")
```

运行结果：

```
The age of Mike is 18
and he is 1.7m tall
```

程序对 str 字符串进行遍历，当遍历到"，"后，将会执行换行输出，并忽略下面的输出数组字符串的代码块，因此逗号没有被输出就进入下一次循环，但此时循环并没有结束，循环直至字符串被遍历输出完毕后才终止。

2.5 拓 展 实 践

本节通过一些实践，加深对 Python 的控制流程的认识和使用。

2.5.1 打印九九乘法表

分析：可以使用 for 语句循环嵌套，外循环控制行，内循环控制列。
程序 2-21：打印九九乘法表。

```
for i in range(1,10):
    for j in range(1,i+1):
        print(j,"* ",i,"= ",i*j,"",end=" ")
    print("")
```

运行结果：

```
1 * 1 = 1
1 * 2 = 2 2 * 2 = 4
1 * 3 = 3 2 * 3 = 6 3 * 3 = 9
1 * 4 = 4 2 * 4 = 8 3 * 4 = 12 4 * 4 = 16
1 * 5 = 5 2 * 5 = 10 3 * 5 = 15 4 * 5 = 20 5 * 5 = 25
1 * 6 = 6 2 * 6 = 12 3 * 6 = 18 4 * 6 = 24 5 * 6 = 30 6 * 6 = 36
1 * 7 = 7 2 * 7 = 14 3 * 7 = 21 4 * 7 = 28 5 * 7 = 35 6 * 7 = 42 7 * 7 = 49
1 * 8 = 8 2 * 8 = 16 3 * 8 = 24 4 * 8 = 32 5 * 8 = 40 6 * 8 = 48 7 * 8 = 56
8 * 8 = 64
1 * 9 = 9 2 * 9 = 18 3 * 9 = 27 4 * 9 = 36 5 * 9 = 45 6 * 9 = 54 7 * 9 = 63
8 * 9 = 72 9 * 9 = 81
```

2.5.2 求素数

程序 2-22：100～200 的素数。

```
n = 0
li = []
for i in range(101,200):
    m = 0
    for j in range(1,200):
        if i % j == 0:
            m += 1
    if m == 2:
        n += 1
        li.append(i)
print('101 到 200 之间，一共有{}个素数，分别是：{}'.format(n,li))
```

运行结果：

101 到 200 之间，一共有 21 个素数，分别是：[101, 103, 107, 109, 113, 127, 131, 137, 139, 149, 151, 157, 163, 167, 173, 179, 181, 191, 193, 197, 199]

2.5.3　猜数游戏

先由计算机生成一个 1~50 的随机数，用户再来猜测这个数字，计算机给出提示如下。

如果猜大了，计算机提示小一点；

如果猜小了，计算机提示大一点；

如果猜对了，计算机就提示"恭喜你猜对了！"

程序 2-23：猜数游戏。

```python
import random                       #导入 random()函数
answer = random.randint(1,50)      #生成 1~50 的随机数
counter = 0                         #计数的变量
while True:                         #恒成立的循环
    counter += 1
    thy_answer = int(input('请输入你猜的数字：'))
    if counter <= 6:
        if thy_answer > answer:
            print('小一点')
        elif thy_answer < answer:
            print('大一点')
        else:
            print('恭喜你猜对了！')
            break                   #当猜对了的时候，break 退出循环体
    else:
        print('很遗憾没猜对，下次努力哦！')
```

运行结果：

```
请输入你猜的数字：30
大一点
请输入你猜的数字：35
大一点
请输入你猜的数字：40
小一点
请输入你猜的数字：38
恭喜你猜对了！
```

本 章 小 结

在本节中，学习了 Python 的基础语法、Python 内置函数、流程控制等内容。这是熟练掌握 Python 这门语言的基础，可谓是重中之重。同时，也要遵守 Python 开发中种种约定

俗成的规范。掌握 Python 的基础语法是进行编程的第一步，掌握上面的内容，就算是对一门编程语言入门了，剩下的就是在使用和总结中不断地去提升了。

习 题

一、填空题

1．Python 2.x 输出一个空行的命令是_____，Python 3.x 则为_____。

2．查看变量类型的 Python 内置函数是_____。

3．在 Python 中，int 表示的数据类型是_____。

4．现有一个浮点数变量 a=1.0，将它强制转换为整型变量的命令是_____。

5．若 a=20，那么 bin(a)的值为_____。

6．语句_____是 else 语句和 if 语句的组合。

7．如果希望循环是无限的，可以通过设置条件表达式永远为_____来实现无限循环。

8．在循环体中可以使用_____语句跳过本次循环后面的代码，重新开始下一次循环。

二、判断题

1．Python 变量使用前必须先声明，并且一旦声明就不能在当前作用域内改变其类型。（   ）

2．Python 不允许使用关键字作为变量名，允许使用内置函数名作为变量名，但这会改变函数名的含义。（   ）

3．Python 变量名必须以字母或下画线开头，并且区分字母大小写。（   ）

4．Python 2.x 和 Python 3.x 中 input()函数的返回值都是字符串。（   ）

5．Python 代码的注释只有一种方式，那就是使用#符号。（   ）

6．相同内容的字符串使用不同的编码格式进行编码得到的结果并不完全相同。（   ）

7．无论 input 接收任何的数据，都会以字符串的方式进行保存。（   ）

8．在 Python 中没有 switch-case 语句。（   ）

三、选择题

1．语句（   ）在 Python 中是非法的。

    A．x = y = z = 1   B．x = (y = z + 1)

    C．x, y = y, x   D．x += y

2．关于 Python 内存管理，下列说法错误的是（   ）。

    A．变量不必事先声明   B．变量无须先创建和赋值而直接使用

    C．变量无须指定类型   D．可以使用 del 释放资源

3．（   ）不是 Python 合法的标识符。

    A．int32   B．40XL   C．self   D．__name__

4．Python 不支持的数据类型有（   ）。

    A．char   B．int   C．float   D．list

5．Python 语言语句块的标记是（   ）。

    A．分号   B．逗号   C．缩进   D．/

6．下列符号中，表示 Python 中单行注释的是（   ）。

    A．#   B．//   C．<!-- -->   D．" ""

7．阅读下面的代码：

```
sum = 0
for i in range(100):
    if i%10:
        continue
    sum = sum + i
print(sum)
```

上述程序的执行结果是（   ）。

    A．5050   B．4950   C．450   D．45

8．已知 x=10,y=20,z=30，以下语句执行后 x,y,z 的值是（   ）。

```
if x < y:
    z=x
    x=y
    y=z
```

    A．10,20,30   B．10,20,20   C．20,10,10   D．20,10,30

四、简答题

1．声明变量注意事项有哪些？

2．简述 Python 中的数据类型。

3．简述 break 和 continue 的区别。

五、编程题

1．输入直角三角形的两个直角边的长度 a、b，求斜边 c 的长度。

2．编写一个程序，用于实现两个数的交换。

3．有 4 个数字：1、2、3、4，能组成多少个互不相同且无重复数字的三位数？各是多少？

第 3 章 字 符 串

学习目标

- ❏ 熟悉字符串的拼接和截取。
- ❏ 掌握转义字符的使用。
- ❏ 掌握字符串格式化方法%、str、format()方法和 f-string 的使用。
- ❏ 掌握字符串的常用方法与操作。
- ❏ 了解字符串常量的使用。
- ❏ 掌握正则表达式的使用。

任务导入

场景 1：在申请新用户时，系统要求密码设置要有数字、字母和特殊符号。当用户输入一串字符后，系统是如何识别和判断的呢？

场景 2：购物后都有消费小票。那消费小票的排版又是怎样设置的呢？

在上述场景中，可以使用字符串来解决程序设计中的密码判断及输出和排版问题。

3.1 字符串概述

字符串是 Python 中最常用的数据类型。字符串是连续的字符序列，是计算机所能表示的一切字符的集合。

3.1.1 字符串

在 Python 中，字符串属于不可变序列，通常使用一对单引号"''"、一对双引号"'''"或三引号"'''''"/"''''''''"括起来。其中，单引号和双引号中的字符串必须在同一行上，三引号内的字符串可以在连续的多行上。

使用单引号和双引号括起来的字符串没有任何区别。如果字符串中有单引号，则使用双引号将字符串括起来；如果字符串中有双引号，则使用单引号将字符串括起来。

程序 3-1：字符串的定义和输出。

```
s0 = """这是字符串使用的例子：
        可以用单引号、双引号、三引号将字符串括起来。"""
s1 = "你好！"
s2 = 'Monday'
s3 = "I'm a teacher."
```

```
s4 = 'I said:"Good morning."'
print(s0)
print("例 1：",s1)
print("例 2：",s2)
print("例 3(含单引号的字符串)：",s3)
print("例 4(含双引号的字符串)：",s4)
```

运行结果：

```
这是字符串使用的例子：
可以用单引号、双引号、三引号将字符串括起来。
例 1： 你好！
例 2： Monday
例 3(含单引号的字符串)： I'm a teacher.
例 4(含双引号的字符串)： I said:"Good morning."
```

【小贴士】如果字符串中既有单引号又有双引号，则可使用转义字符。转义字符的使用将在后续的章节中介绍。

3.1.2　访问字符串中的值

在 Python 中，单个字符没有特殊的类型，而是一个长度为 1 的字符串；字符串本质上就是由多个字符组成的，因此程序允许通过索引来操作字符。字符串被索引（下标访问）时，第一个字符的索引是 0。索引也可用负数，从右边开始数；因为-0 和 0 相同，所以负数索引从-1 开始。Python 字符串直接在方括号（[]）中使用索引即可获取对应的字符。例如：

```
字符串       s1 = 's    t    u    d    y'
从前面索引          0    1    2    3    4
从后面索引         -5   -4   -3   -2   -1
s1[0] = 's' s1[2] = 'u' s1[4] = 'y'
s1[-5] = 's' s1[-3] = 'u' s1[-1] = 'y'
```

代码示例：

```
s1 = 'monday'
print("字符串 1 的第 1 个字符为（从前面索引）：",s1[0])
print("字符串 1 的第 1 个字符为（从后面索引）：",s1[-6])
print("字符串 1 的第 4 个字符为（从后面索引）：",s1[3])
print("字符串 1 的第 4 个字符为（从后面索引）：",s1[-3])
```

运行结果：

```
字符串 1 的第 1 个字符为（从前面索引）： m
字符串 1 的第 1 个字符为（从后面索引）： m
字符串 1 的第 4 个字符为（从后面索引）： d
字符串 1 的第 4 个字符为（从后面索引）： d
```

除了索引，字符串还支持切片。索引可以得到单个字符，而切片可以获取子字符串。

Python 访问子字符串，可以使用方括号（[]）来截取字符串，语法格式如下：

```
变量[开始索引:结束索引]
```

注意，切片的开始索引被包含在结果中，而结束索引不包含。例如：

```
str1 = 'python'
str1[2:5] = 'tho' str1[0:2] = 'py'
```

切片的索引有默认值。省略开始索引时默认为 0，省略结束索引时默认为到字符串的结尾。例如：

```
str1 = 'python'
str1[4:] = 'on' str1[:2] = 'py' str1[-2:] = 'on'
```

程序 3-2：字符串切片。

```
s1 = 'python'
print("字符串 1 为：",s1)
print("取字符串 1 的第 1--第 3 个字符（省略开始索引）：",s1[:3])
print("取字符串 1 的第 1--第 3 个字符：",s1[0:3])
print("取字符串 1 的最后两个字符（省略结束索引）：",s1[-2:])
print("取字符串 1 的第 3--第 5 个字符：",s1[2:5])
```

运行结果：

```
字符串 1 为： python
取字符串 1 的第 1--第 3 个字符（省略开始索引）： pyt
取字符串 1 的第 1--第 3 个字符： pyt
取字符串 1 的最后两个字符（省略结束索引）： on
取字符串 1 的第 3--第 5 个字符： tho
```

3.1.3 拼接字符串

在 Python 中拼接（连接）字符串很简单，本节介绍两种方法。

1. 直接将字符串紧挨着写在一起

这种方法只能拼接字符串，语法格式如下：

```
strname ="str1""str2"
```

其中，strname 表示拼接后的字符串变量名，str1 和 str2 为要拼接的字符串内容。
代码示例：

```
str_1 = "我骄傲！""我是中国人！"
print(str_1)
```

运行结果：

```
我骄傲！我是中国人！
```

2．使用"+"运算符拼接

使用"+"运算符既可以拼接字符串，也可以拼接变量，还可以拼接数值，语法格式如下：

```
strname = str1 + str2 + str3 + ...
```

代码示例：

```
str_2 = "我的祖国" + str(72) + "岁啦！"
print(str_2)
```

代码中，使用 str() 函数将整数转换为字符串。运行结果：

```
我的祖国 72 岁啦！
```

【小贴士】Python 不允许直接拼接数字和字符串；所以，必须先将数字转换成字符串。可以借助 str() 函数和 repr() 函数将数字转换为字符串。

str() 函数和 repr() 函数的语法格式如下：

```
str(obj)
repr(obj)
```

其中，obj 表示要转换的对象，可以是数字、列表、元组、字典等多种类型的数据。

尽管 str() 函数和 repr() 函数都可以将数字转换成字符串，它们的区别如下。

（1）str() 函数转换成的字符串形式适合人类阅读。repr() 函数转换成的字符串形式（Python 表达式的形式）适合解释器阅读，适用于开发和调试阶段；如果没有等价的语法，则会发生 SyntaxError 异常。

（2）str() 函数输出时保留字符串的原始样子。repr() 函数输出时使用引号将字符串包起来，即采用 Python 字符串的表达式形式。另外，在 Python 交互式编程环境中输入一个表达式（变量、加减乘除、逻辑运算等）时，Python 自动使用 repr() 函数处理该表达式。

程序 3-3：str() 函数和 repr() 函数的使用。

```
s1 = "510800"
s_str = str(s1)
s_repr = repr(s1)
print("1.使用 str()函数后的类型为:", type(s_str))
print("2.使用 str()函数后输出为:"+s_str)
print("3.使用 repr()函数后的类型为:", type(s_repr))
print("4.使用 repr()函数后输出为:"+s_repr)
```

运行结果：

```
1.使用 str()函数后的类型为: <class 'str'>
2.使用 str()函数后输出为:510800
3.使用 repr()函数后的类型为: <class 'str'>
4.使用 repr()函数后输出为:'510800'
```

3.2 字符串的编码格式

Python 中，常用的字符串编码方式有 ASCII 码、GB2312 码、GBK 码、Unicode 码、UTF-8 码等。在 Python 2.x 中，默认的字符编码是 ASCII 码，默认的文件编码也是 ASCII 码。而在 Python 3.x 中，默认的字符编码是 Unicode 码，默认的文件编码是 UTF-8 码。

3.2.1 ASCII 码

ASCII（American Standard Code for Information Interchange，美国信息交换标准代码）码用一个字节对字符进行编码，最多只能表示 256 个字符，包括英文及西欧语系。最早只有 128 个字符包括大小写英文字母、数字和一些符号，后 128 个称为扩展 ASCII 码。

3.2.2 GB2312 码和 GBK 码

1980 年，中国制定了 GB2312-80（国家简体中文字符集，简称为 GB2312 码），一共收录了 7445 个字符，包括 6763 个汉字和 682 个其他符号，兼容 ASCII 码。在 Windows 中的代码页（Code Page）是 CP936。

GBK 码作为对 GB2312 码的扩展，收录了 21886 个符号，它分为汉字区和图形符号区；汉字区包括 21003 个字符。在现在的 Windows 系统中仍然使用代码页 CP936 表示。但是，最初的 CP936 的代码页只支持 GB2312 码；而现在的 CP936 代码页支持 GBK 码，GBK 码向下兼容 GB2312 码。

GB2312 码和 GBK 码都用两个字节存储字符。

3.2.3 Unicode 码

Unicode（统一码、万国码）码，给多国语言的字符规定了唯一编号，但并没有规定它们存储时采用的二进制值。Unicode 码通常用两个字节表示一个字符（如果要用到偏僻的字符，就需要 4 个字节）。计算机的操作系统和大多数编程语言都支持 Unicode 码。

Unicode 码可以容纳多种主要语言的字符码，但是表示 ASCII 码字符时，高字节全为零，浪费了存储空间。而且，Unicode 码通常会加上前缀"U+"或"\u"，写成文本就需占 6 个字节。所以，Unicode 码并不实用。

3.2.4 UTF-8 码

UTF-8（Unicode Transformation Format）码是一种基于 Unicode 的编码格式。

UTF-8 码的编码长度可变（理论上最多可到 6 个字节）。例如，存储 ASCII 码字符时只用 1 个字节，存储中文字符时用 3 个字节，比 Unicode 码节省存储空间。

与 UTF-8 码同系列的还有 UTF-16 码、UTF-32 码。

（1）UTF-8 码：使用 1、2、3、4 个字节表示所有字符。优先使用 1 个字节，无法满足则增加一个字节，最多 4 个字节。英文占 1 个字节，欧洲语系占 2 个字节，东亚语系占 3 个字节，其他及特殊字符占 4 个字节。

（2）UTF-16 码：使用 2 个和 4 个字节表示所有字符。优先使用 2 个字节；否则，使用 4 个字节。

（3）UTF-32 码：使用 4 个字节表示所有字符。

【小贴士】BIG5 码，是一种流行的中文繁体编码格式。ISO-8859-1 码，属于单字节编码，只收录了英语、希腊语、阿拉伯语等字符，向下兼容 ASCII 码。

【小贴士】Python 3.x 对中文字符支持较好，但 Python 2.x 则要求在源程序中增加#coding: utf-8 才能支持中文字符。

3.3 转义字符与原始字符串

在本章第 1 节中，介绍了如果字符串中有单引号，则使用双引号将字符串括起来；如果字符串中有双引号，则使用单引号将字符串括起来。

如果字符串中既包含单引号，又包含双引号；则需要使用转义字符（反斜线 "\"）。代码示例：

```
str1 = '"we are friends, Let\'s play games.",says the dog.'
```

如果字符串中包含反斜线，也需要对它进行转义。例如，字符串含有 Windows 路径时，需要写成这样：C:\\Users\\jj，不仅烦琐，也不美观。为了解决此类问题，可以借助原始字符串（后面的小节会介绍原始字符串）。代码示例：

```
str2 = r"C:\Users\jj"
```

3.3.1 转义字符

在 Python 中，当需要在字符串中使用特殊字符时，用反斜线 "\" 来转义字符。例如，字符串中包含单引号或双引号时，除了前面讲过的使用不同引号将字符串括起来外，还可以在引号前面添加反斜线，对引号进行转义。

Python 中常用的转义字符，如表 3-1 所示。

表 3-1 常用转义字符

转 义 字 符	描 述
\	字符串行尾的续行符。即一行未完，转到下一行继续写
\\	反斜线
\'	单引号
\"	双引号
\n	换行符
\r	回车符
\f	换页
\000	空
\a	蜂鸣器响铃。注意不是喇叭发声，现在的计算机很多都不带蜂鸣器了，所以响铃不一定有效
\b	退格（Backspace）
\t	水平制表符/横向制表符；即 Tab 键，一般相当于 4 个空格
\v	垂直制表符/纵向制表符
\other	其他字符以普通格式输出

转义字符在书写形式上由多个字符组成，但 Python 将它们看作是一个整体，表示一个字符。

程序 3-4： Python 转义字符示例。

```
#使用\t 排版
str1 = '姓名\t\t 出生日期\t\t\t 联系电话\t\t 家庭住址'
str2 = '张某三\t\t2001-6-3\t\t13912345678\t 广东省广州市越秀区'
str3 = '欧阳李四\t\t2002-10-10\t\t15898765432\t 广东省深圳市福田区'
print(str1)
print(str2)
print(str3)
print("-------------------------------------------------")
#\n 在输出时换行，\在书写字符串时换行
copyright= "广东行政职业学院：http://www.gdxzzy.edu.cn\n\
电子信息系\n\
联系电话：020-12345678"
print(copyright)
```

运行结果：

```
姓名        出生日期        联系电话            家庭住址
张某三      2001-6-3        13912345678         广东省广州市越秀区
欧阳李四    2002-10-10      15898765432         广东省深圳市福田区
-------------------------------------------------
广东行政职业学院：http://www.gdxzzy.edu.cn
电子信息系
联系电话：020-12345678
```

3.3.2 原始字符串

Python 支持原始字符串。在原始字符串中，反斜线（"\"）不被当作转义字符，所有内容都保持"原汁原味"。原始字符串以"**r**"开头。原始字符串的代码示例：

```
str2 = r"C:\Users\jj"
#也可用一对单引号及 3 个单引号或双引号将字符串括起来
print("这是一个原始字符串使用的例子：")
print(str2)
```

运行结果：

```
这是一个原始字符串使用的例子：
C:\Users\jj
```

如果普通格式的原始字符串中出现引号，程序也需要对引号进行转义；否则，Python 也无法对字符串的引号精确配对。但是和普通字符串不同的是此时用于转义的反斜线会变成字符串内容的一部分。代码示例：

```
str3 = r"I\'m a teacher."
print(str3)
```

运行结果：

```
I\'m a teacher.
```

需要注意，Python 原始字符串中的反斜线仍会对引号进行转义，因此原始字符串的结尾处不能为反斜线；否则，字符串结尾处的引号会被转义，导致字符串不能正确结束。

在 Python 中有两种方式解决这个问题：一种是改用长字符串的写法，而不使用原始字符串；另一种是单独书写反斜线。

例如，要表达 C:\Users\jj\。代码示例：

```
str4 = r"C:\Users\jj""\\'
print(str4)
```

上面的代码中，先写了一个原始字符串：r"C:\Users\jj"，紧接着又使用"\\'写了一个包含转义字符的普通字符串。代码运行时，Python 会自动将这两个字符串拼接在一起。运行结果：

```
C:\Users\jj\
```

3.4　字符串格式化

Python 语言对字符串格式化提供了强大的支持，可谓"随心所欲"。本节主要介绍 3 种格式化字符串的方法：比较老旧的%运算符，用来替换%的 str.format()方法，在 Python 3.6

及以后版本中新加入的 f-string。读者还可以自行学习第四种方法，即 Template 类格式化字符串。

【小贴士】由于%运算符是早期提供的方法，从 Python 2.6 版本开始提供了 str.format()方法，从 Python 3.6 版本开始加入了 f-string 方法。所以，建议重点学习 str.format()方法和 f-string。

3.4.1 %运算符格式化字符串

字符串有一种特殊的内置操作：%（取模）运算符，也被称为字符串的格式化或插值运算符。%是最早的格式化字符串的方法，语法格式如下：

```
'%[(name)][flags][width].[precision]typecode'%exp
```

注意，格式中用中括号（[]）括起来的参数都是可选项，即此参数可使用也可不使用。参数说明如下。

（1）(name)：用于选择指定的键（即字典中的 key）。注意：name 外的括号必须有。

（2）flags：标记格式限定符号。包含+、-、#和 0。

（3）width：指定输出数据时所占的宽度（最短长度，包含小数点，小于 width 时会填充）。

（4）.precision：小数点后的位数。

（5）typecode：指定输出数据的具体类型。

（6）exp：要转换的项。如果有多个，则需通过元组进行指定；不能使用列表。

也就是说，在%左侧放置一个需要进行格式化的字符串，这个字符串带有一个或多个嵌入的转换目标，都以%开头，例如%s、%d、%f。在%右侧放置对象，这些对象将会插入左侧想让 python 进行格式化字符串的一个个转换目标的位置上。

❑ %运算符格式化只有一个变量的字符串，代码示例：

```
name = 'Jiang'
print("My name is %s."%name)
```

运行结果：

```
My name is Jiang.
```

❑ 如果要在字符串中插入多个变量进行格式化，则需要使用一个元组将待插入的变量放在一起，代码示例：

```
name = 'Jiang'
age = 40
score = 85
print("Name is %s.\nAge is %d.\nScore is %.2f"%(name,age,score))
```

运行结果：

```
Name is Jiang.
Age is 40.
Score is 85.00
```

%运算符使用字典及字典中的键格式化多个变量的字符串，代码示例：

```
dict = {'姓名':"张三","分数":95.5}
print("姓名：%(姓名)s，成绩：%(分数).2f"%(dict))
```

或，代码示例：

```
print("姓名：%(姓名)s，成绩：%(分数).2f"%{'姓名':"张三","分数":95.5})
```

运行结果：

```
姓名：张三，成绩：95.50
```

1. 常用的数据格式类型符

常用的数据格式类型符，如表 3-2 所示。

表 3-2　常用数据格式类型符（%为格式操作符号）

类 型 符	描　　述
%d、%i	转换为带符号的十进制整数
%o	转换为带符号的八进制整数
%x、%X	转换为带符号的十六进制整数（x：字母为小写，X：字母为大写）
%e、%E	转换为科学计数法表示的浮点数（e 小写，E 大写）
%f、%F	转换为十进制浮点数
%g、%G	浮点格式。如果指数小于-4 或不小于精度则使用小写/大写指数格式，否则使用十进制格式
%c	将一个整数解释成 ASCII 码（即输出一个整数对应的 ASCII 码）
%s	按原样格式化字符串
%%	不转换参数，在结果中输出一个"%"字符

2. 格式限定符号

Python 的 print()中可以指定输出方式。例如，print()默认输出的数据总是右对齐的（当数据不够宽时，在左边补空格以达到指定的宽度），Python 允许在最小宽度之前增加一个标志来改变对齐方式。Python 支持的对齐方式标志，如表 3-3 所示。

表 3-3　对齐方式标志

标　志	描　　述
-	指定左对齐
+	表示输出的数字要带着符号；正数带"+"，负数带"−"；右对齐
0	表示宽度不足时补充 0，而不是补充空格
#	表示八进制时数字前面添加 0，十六进制时前面添加 0x，二进制时前面添加 0b

【小贴士】（1）整数指定左对齐时，在右边补 0 无效。

　　　　　　（2）小数可以同时使用表 3-3 的 3 个标志。

　　　　　　（3）字符串只能使用"-"标志。

程序 3-5：指定输出方式。

```
#代码中的空格，是为了增加阅读的舒适度
num = 956
print("例1（最小宽度为10的整数）:%10d"% num)
#%10d 表示整数，最小宽度为 10，不足在左边补空格
print("例2（带符号的最小宽度为9的整数）:%+9d"% num)
#%+9d 表示整数，最小宽度为 9，带符号
flo = 68.5
print("例3（居左，带符号最小宽度为10的浮点数）:%-+010f"% flo)
#%-+010f 表示浮点数，最小宽度为 10，左对齐，带符号
str = "World"
print("例4（居左，最小宽度为9的字符串）:%-9s"% str)
#%-9s 表示字符，最小宽度为 9，左对齐
```

运行结果：

```
例1（最小宽度为10的整数）:       956
例2（带符号的最小宽度为9的整数）:     +956
例3（居左，带符号最小宽度为10的浮点数）:+68.500000
例4（居左，最小宽度为9的字符串）:World
```

3. 指定小数精度

对于小数（浮点数），print() 还允许指定小数点后的数字位数，即指定小数的精度。精度值需要放在最小宽度之后，中间用点号（.）隔开；也可以不写最小宽度，只写精度，语法格式如下：

```
%m.nf
%.nf
```

其中，m 表示最小宽度，n 表示输出精度，"."必须存在。

代码示例：

```
#代码中的空格，仅为了增加阅读的舒适度
pi = 3.141592653589793238
#最小宽度为10，小数点后保留5位
print("1.圆周率（保留5位小数点）为：%10.5f"% pi)
#最小宽度为10，小数点后保留5位，左边补0
print("2.圆周率（保留5位小数点，左边补0）为：%010.5f"% pi)
#最小宽度为10，小数点后保留5位，左边补0，带符号
print("3.圆周率（保留5位小数点，左边补0，带符号）为：%+010.5f"% pi)
```

运行结果：

```
1.圆周率（保留5位小数点）为：   3.14159
2.圆周率（保留5位小数点，左边补0）为：0003.14159
3.圆周率（保留5位小数点，左边补0，带符号）为：+003.14159
```

3.4.2 str.format()方法

str.format()方法是对%格式化字符串的一种改进，它增强了字符串格式化的功能。基本语法是通过花括号（{}）和冒号（:）代替百分号（%）。

str.format()方法的语法格式如下：

```
str.format(args)
```

其中，str 用于指定字符串的显示样式；args 用于指定要进行格式转换的项，如果有多项，各项间用逗号分开。

str 显示样式，语法格式如下：

```
{ [index][ : [ [fill] align] [sign] [#] [width] [.precision] [type] ]}
```

注意，格式中用中括号（[]）括起来的参数都是可选项，既可使用也可不使用。

参数说明如下。

（1）index：指定后边设置的格式作用到 args 中的第几个数据，数据的索引值从 0 开始。如省略此选项，则会根据 args 中数据的先后顺序自动分配。

（2）fill：指定空白处填充的字符。注意，当填充字符为逗号（,）且作用于整数或浮点数时，该整数或浮点数会以逗号分隔的形式输出。例如，123456789 会输出 123,456,789。

（3）align：指定数据的对齐方式。具体的对齐方式，如表 3-4 所示。

表 3-4 数据对齐方式

align	描　　述
<	左对齐
>	右对齐
=	右对齐，并将符号放在最左侧，此选项只对数字类型有效
^	居中，此选项需与 width 参数一起使用

（4）sign：指定有无符号。此参数的值以及对应的含义，如表 3-5 所示。

表 3-5 符号标志

sign	描　　述
+	正数前加正号，负数前加负号
-	正数前不加正号，负数前加负号
空格	正数前加空格，负数前加负号
#	对于整数类型，使用二进制数、八进制数和十六进制数输出时，为输出值添加 0b、0o、0x 前缀

（5）width：指定输出数据时所占的宽度。

（6）.precision：指定保留的小数位数。

（7）type：指定输出数据的具体类型，如表 3-6 所示。

表 3-6　数据输出类型

type 类型	描　　　述
a	按 Unicode 码输出
r	调用 repr() 函数输出
s	字符串格式。这是字符串的默认类型，可以省略
c	将整数转换为相应的 Unicode 码字符
b	二进制格式，输出以 2 为基数的数字
d	十进制整数，输出以 10 为基数的数字
o	八进制格式，输出以 8 为基数的数字
x 或 X	十六进制格式，输出以 16 为基数的数字。x：用小写字母表示 9 以上的数码，X：用大写字母表示 9 以上的数码
e 或 E	转换成科学计数法后，格式化输出。e/E 其中的字母为小写/大写
f 或 F	转换为浮点数（默认小数点后保留 6 位），再格式化输出
g 或 G	自动在 e 和 f（或 E 和 F）中切换
%	显示百分比（默认显示小数点后 6 位）

1．str.format() 方法的使用

str.format() 方法中，字符格式化参数是用一对花括号（{}）表示的，而且支持按顺序指定格式化参数值和关键字格式化参数。

程序 3-6：str.format() 方法的使用。

```
print("----"*10)
# "----" 的 10 倍，即 40 个 "-"
print("例 1：用花括号{}方式格式化字符串")
print("{}\t\t{}\t\t{}".format("学号","姓名","成绩"))
print("例 2：顺序格式化参数方式格式化字符串")
s1 = "学号：{}, \t\t 姓名：{}, \t\t 总评成绩：{}。"
print(s1.format("dx01b01","张三",95))
print("例 3：命名格式化参数方式格式化字符串")
s2 = "学号：{num}, \t\t 姓名：{name}, \t\t 总评成绩：{score}。"
print(s2.format(score = 95,num = "dx01b01",name = "张三"))
```

运行结果：

```
----------------------------------------
例 1：用花括号{}方式格式化字符串
学号          姓名         成绩
例 2：顺序格式化参数方式格式化字符串
学号：dx01b01,          姓名：张三,          总评成绩：95。
例 3：命名格式化参数方式格式化字符串
学号：dx01b01,          姓名：张三,          总评成绩：95。
```

【小贴士】命名格式化参数是在一对花括号中指定一个名称，调用 str.format() 方法时也要指定这个名称。

顺序格式化参数和命名格式化参数可以混合使用。除此以外，str.format()方法还可以通过字典和列表索引来设置参数。

程序 3-7：格式化参数的灵活使用。

```
print("例4：混用命名格式化和顺序格式化参数格式化字符串")
s3 = "学号：{num}, \t 姓名：{}, \t 性别：{}, \t 总评成绩：{score}。"
print(s3.format("张三", "男", score = 95, num = "dx01b01"))
print("----"*10)
print("例5：通过字典设置参数")
dic ={"num": "dx01b01","name": "张三","sex": "男","score": 95 }
print("学号：{num}\t 姓名：{name}, \t 性别：{sex}, \t 总评成绩：{score}。".format
(**dic))
print("----"*10)
print("例6：通过列表索引设置参数")
l_1 =["dx01b01", "张三", "男", 95]
print("学号：{0[0]}, \t 姓名：{0[1]}, \t 性别：{0[2]}, \t 总评成绩：{0[3]}。".format
(l_1))
#列表的第一个元素的下标为[0]，依次类推。下标前的"0"即为l_1
print("----"*10)
```

运行结果：

```
例4：混用命名格式化和顺序格式化参数格式化字符串
学号：dx01b01,         姓名：张三,         性别：男，总评成绩：95。
----------------------------------------
例5：通过字典设置参数
学号：dx01b01         姓名：张三,         性别：男，总评成绩：95。
----------------------------------------
例6：通过列表索引设置参数
学号：dx01b01,         姓名：张三,         性别：男，总评成绩：95。
----------------------------------------
```

【小贴士】 顺序格式化参数和命名格式化参数混合使用时，顺序格式化参数要放在前面，命名格式化参数放在后面。否则，代码运行时会出现 SyntaxError: positional argument follows keyword argument 的错误，出现这个 bug 的原因是参数位置不正确。

程序 3-8：向 str.format()方法传入对象。

```
print("例7：向str.format()方法传入对象")


class AssignValue(object):
    def __init__(self, value):
        self.value = value


my_value = AssignValue(6)
print('value 为: {0.value}'.format(my_value))   #"0"是可选的
```

运行结果：

```
例 7：向 str.format()方法传入对象
value 为：6
```

2．str.format()数字格式化的使用

除了前面的例子外，通过在 str.format()方法的一对花括号中添加一些字符串格式化类型符，可以使格式化字符串更多样。

程序 3-9：str.format()数字格式化的使用。

```
print("***********数字格式化举例***********")
print("例 1：保留两位小数。")
print("{:.2f}".format(3567.13141578))
print("例 2：带符号保留两位小数。")
print("{:+.2f}".format(-3567.13141578))
print("例 3：数字补零（填充左边，宽度为 10）")
print("{:0>10d}".format(3567))
print("例 4：数字补 X（填充右边，宽度为 8）")
print("{:x<8d}".format(3567))
print("例 5：以逗号分隔的数字格式")
print("{:,}".format(3567098000400))
print("例 6：百分比格式（保留两位小数点）")
print("{:.2%}".format(1.453))
print("例 7：指数记法（保留两位小数点）")
print("{:.2e}".format(3567098000400))
print("例 8：居中对齐（宽度为 10）")
print("{:^10d}".format(3567))
```

运行结果：

```
***********数字格式化举例***********
例 1：保留两位小数。
3567.13
例 2：带符号保留两位小数。
-3567.13
例 3：数字补零（填充左边，宽度为 10）
0000003567
例 4：数字补 X（填充右边，宽度为 8）
3567xxxx
例 5：以逗号分隔的数字格式
3,567,098,000,400
例 6：百分比格式（保留两位小数点）
145.30%
例 7：指数记法（保留两位小数点）
3.57e+12
例 8：居中对齐（宽度为 10）
   3567
```

【小贴士】在 str.format()方法中使用字符串格式化类型符时，需要在前面加上冒号（:）或
　　　　　感叹号（!）；大部分类型符加冒号，但有一部分要加感叹号。如{!r}、{!a}，
　　　　　如果写成{:r}、{:a}会抛出异常。

代码示例：

```
print("{str:s} {str!r} {str!a}".format(str="中国"))
#原样输出、调用 repr()函数输出、输出 Unicode 码
```

运行结果：

```
中国 '中国' '\u4e2d\u56fd'
```

3.4.3　f-string

f-string 是 Python 3.6 及以后版本添加的，称之为字面量格式化字符串（formatted string literals），是新的格式化字符串的语法。

f-string 格式化字符串以 f 或 F 开头，后面跟字符串；字符串中的表达式用花括号（{}）包起来，它会将变量或表达式计算后的值替换进去。

f-string 方法的语法格式如下：

```
f '<text> { <expression><optional !s, !r, or !a><optional : format specifier> }
<text> ... '
```

参数说明如下。
（1）text：要输出的文本，可以为空。
（2）expression：表达式。
（3）optional：可选项。
（4）format specifier：格式限定符。

f-string 中格式限定符、选项等内容的使用与 format()方法一致，本小节就不再赘述。下面列举几个 f-string 的简单例子，意在"抛砖引玉"。更详尽的 f-string 使用案例，大家可以去网上搜索相关文档。

1. f-string 的简单使用

f-string 格式化字符串时，{}中可以接受变量和表达式。代码示例：

```
name = 'Jiang'
age = 20
score = 85
print(f"Name is {name}.\nAge is {2*age}.\nScore is {score}.")
```

运行结果：

```
Name is Jiang.
Age is 40.
Score is 85.
```

2．f-string 中调用函数

f-string 更强大的地方在于，{}中可以接受函数调用。代码示例：

```
def s_easy(input):
    return input.lower()

name = "Jiang"
print(f"{s_easy(name)} is friendly.")
```

运行结果：

```
jiang is friendly.
```

3．f-string 在类对象中的使用

程序 3-10：对创建于类的对象使用 f-string。

```
class g_ming:
    def __init__(self, f_name, l_name, age):
        self.f_name = f_name
        self.l_name = l_name
        self.age = age

    def __str__(self):
        return f"{self.f_name} {self.l_name} is {self.age}"

    def __repr__(self):
        return f"{self.f_name} {self.l_name} is {self.age}. Surprise!"

def main():
    new_ming = g_ming("Jiang","Qiangwei",  "46")
    print(f"{new_ming} years old.")

if __name__ == '__main__':
    main()
```

运行结果：

```
Jiang Qiangwei is 46 years old.
```

【小贴士】关于函数的调用和类的使用，本书后续章节中才会介绍。大家可以在学习了函数和类之后，再回头理解本节程序的含义。

【小贴士】f-string 中可以放入任何有效的 Python 表达式，以便完美实现任务。

3.5　字符串常用方法与操作

3.4 节介绍了字符串的核心功能——格式化；字符串还有另一类重要功能，那就是字符串方法。通过一系列方法，可在 Python 中更灵活地操作字符串。本节将学习 Python 字符串中的一些常用方法。

3.5.1　获取字符串的长度或字节数

在 Python 中，想知道一个字符串有多少个字符（即字符串长度），或者一个字符串占有多少个字节，可以使用内建函数 len()。

len()函数的语法格式如下：

```
len(string)
```

其中，string 为指定进行长度统计的字符串。

代码示例：

```
s1 = "人生苦短，我用 Python3"
length = len(s1)
print(length)
```

运行结果：

```
14
```

通过上面的运行结果可以发现：默认情况下，使用 len()函数统计字符串长度时，所有字符都是按一个字节计算，不区分英文字母、数字和中文。

在 Python 中，不同的字符所占的字节数是不同的。数字、英文字母、小数点、下画线以及空格等，各占 1 个字节；而一个汉字可能占 2～4 个字节，具体占多少个字节取决于所采用的编码方式。例如，一个汉字在 GBK/GB2312 编码中占用 2 个字节，而在 UTF-8 编码中一般占用 3 个字节。

在实际开发中，有时需要获取字符串的实际占用字节数。

可以通过使用 encode()方法，将字符串进行编码后再获取它的字节数。例如，采用 UTF-8 编码方式，计算字符串"人生苦短，我用 Python3"的字节数，可以执行如下代码示例：

```
s1 = "人生苦短，我用 Python3"
length = len(s1.encode())
print(length)
```

运行结果：

```
28
```

因为汉字加中文标点符号共 7 个占 21 个字节，英文字母和数字共 7 个占 7 个字节；所以，一共 28 个字节。

如果想获取采用 GBK 编码的字符串的长度，可以执行如下代码示例：

```
s1 = "人生苦短，我用 Python3"
length = len(s1.encode("gbk"))
print(length)
```

运行结果：

```
21
```

因为汉字加中文标点符号共 7 个占 14 个字节，英文字母和数字共 7 个占 7 个字节；所以，一共 21 个字节。

3.5.2 分割和合并字符串

分割字符串是把字符串分割为列表，而合并字符串就是把列表合并为字符串，两者可看成互逆操作。

1. 分割字符串

split()方法可以实现将一个字符串按照指定的分隔符切分成多个子串，这些子串被保存到列表中（不包含分隔符），作为方法的返回值，语法格式如下：

```
str.split(sep,maxsplit)
```

在 split()方法中，如果不指定 sep 参数，也不能指定 maxsplit 参数。参数说明如下。

（1）str：表示要进行分割的字符串。

（2）sep：用于指定分隔符，可以包含多个字符。此参数默认为 None，表示所有空字符，包括空格、换行符（\n）、制表符（\t）等。

（3）maxsplit：可选参数，用于指定分割的次数，最后列表中子串的个数最多为 maxsplit+1。如果不指定或者指定为−1，则表示分割次数没有限制。

split()方法代码示例：

```
s1 = "192.168.9.2"
s2 = "学号 姓名 家庭住址 联系电话"
s3 = "广 东 行 政 职 业 学 院"
print(s1.split('.'))          #采用.号进行分割
print(s2.split())             #采用空格进行分割
print(s3.split(' ',4))        #采用空格进行分割，且只分割前 4 个
```

运行结果：

```
['192', '168', '9', '2']
['学号', '姓名', '家庭住址', '联系电话']
['广', '东', '行', '政', '职 业 学 院']
```

【小贴士】如果不指定 sep 参数，split()方法默认采用空字符进行分割，而且当字符串中有连续的空格或其他空字符时，都会被视为一个分隔符对字符串进行分割。

2. 合并字符串

join()方法是 split()方法的逆方法，用于将列表（或元组）中包含的多个字符串采用固

定的分隔符连接成一个字符串，语法格式如下：

```
newstr = str.join(iterable)
```

参数说明如下。

（1）newstr：表示合并后生成的新字符串。

（2）str：字符串类型，用于指定合并时的分隔符。

（3）iterable：做合并操作的源字符串数据，允许为列表、元组等形式。

join()方法代码示例：

```
list1 = ["学号","姓名","Python 语言基础","大学英语","总分"]
tup1 = ('192', '168', '9', '2')
print(' '.join(list1))          #采用空格连接
print('.'.join(tup1))          #采用.号连接
```

运行结果：

```
学号 姓名 Python 语言基础 大学英语 总分
192.168.9.2
```

3.5.3　检索和替换字符串

Python 中提供了常用的检索（查找）和替换字符串的方法，本节主要介绍以下几种方法。

1. count()方法

count()方法用于检索指定字符串在另一字符串中出现的次数，如果检索的字符串不存在，则返回 0；否则返回出现的次数，语法格式如下：

```
str.count(sub[,start[,end]])
```

参数说明如下。

（1）str：表示原字符串。

（2）sub：表示要检索的字符串。

（3）start：可选参数。指定检索范围的起始位置的索引。不指定时默认从头开始检索。

（4）end：可选参数。指定检索范围的终止位置的索引，不指定，则一直检索到结尾。

count()方法代码示例：

```
str1 = "I am proud of being a chinese."
str2 = "xingzhengguang"
print("字符串 1 中"e"出现的次数为: ",str1.count('e'))
print("字符串 2 最后 9 个字符中"g"出现的次数为: ",str2.count('g',-9))
```

运行结果：

```
字符串 1 中"e"出现的次数为:   3
字符串 2 最后 9 个字符中"g"出现的次数为:   3
```

2. find()方法

find()方法用于检索字符串中是否包含目标字符串。如包含，则返回第一次出现该字符串的索引；反之，则返回-1，语法格式如下：

```
str.find(sub[,start[,end]])
```

参数说明如下。

（1）str：表示原字符串。

（2）sub：表示要检索的目标字符串。

（3）start：可选参数。表示检索范围的起始位置的索引。不指定时默认从头开始检索。

（4）end：可选参数。表示检索范围的结束位置的索引，不指定，则一直检索到结尾。

find()方法代码示例：

```
str1 = "I am proud of being a chinese."
str2 = "xingzhengguang"
print("字符串 1 中第一个"e"出现的位置: ",str1.find('e'))
print("字符串 2 中第一个"g"出现的位置: ",str2.find('g',3,9))
```

运行结果：

```
字符串 1 中第一个"e"出现的位置: 15
字符串 2 中第一个"g"出现的位置: 3
```

【小贴士】Python 还提供了 rfind()方法。rfind()方法与 find()方法最大的区别就是 rfind()方法是从字符串右边开始检索。

3. index()方法

与 find()方法类似，index()方法也用于检索字符串中是否包含指定的字符串。不同之处在于，在 index()方法中当指定的字符串不存在时，会抛出异常，语法格式如下：

```
str.index(sub[,start[,end]])
```

参数说明如下。

（1）str：表示原字符串。

（2）sub：表示要检索的目标字符串。

（3）start：可选参数。表示检索范围的起始位置的索引。不指定时默认从头开始检索。

（4）end：可选参数。表示检索范围的结束位置的索引，不指定，则一直检索到结尾。

index()方法代码示例：

```
str1 = "xingzhengguang"
str2 = "I am proud of being a chinese."
print("字符串 1 中第一个"g"出现的位置: ",str1.index('g',3,9))
print("字符串 2 中第一个"j"出现的位置: ",str2.index('j'))
```

运行结果：

```
Traceback (most recent call last):
    File "C:/Users/jj/PycharmProjects/untitled/venv/my_ch3_chara.py", line 4,
in <module>
        print("字符串 2 中第一个 "j" 出现的位置: ",str2.index('j'))
字符串 1 中第一个 "g" 出现的位置: 3
ValueError: substring not found
```

【小贴士】Python 还提供 rindex()方法，与 index()方法最大的区别就是 rindex()方法是从字符串右边开始检索。

4. startswith()方法

startswith()方法用于检索字符串中是否以指定的字符串开头。如果是，则返回 True；否则，返回 False，语法格式如下：

```
str.startswith(sub[,start[,end]])
```

参数说明如下。

（1）str：表示原字符串。

（2）sub：表示要检索的目标字符串。

（3）start：可选参数。表示检索范围的起始位置的索引。不指定时默认从头开始检索。

（4）end：可选参数。表示检索范围的结束位置的索引，不指定，则一直检索到结尾。

startswith()方法代码示例：

```
str1 = "xingzhengguang"
str2 = "I am proud of being a chinese."
print(" "han" 在指定位置吗? ",str1.startswith('han',3,9))
print(" "am" 在指定位置吗? ",str2.startswith('am',2))
```

运行结果：

```
"han" 在指定位置吗? False
"am" 在指定位置吗? True
```

5. endswith()方法

endswith()方法用于检索字符串是否以指定字符串结尾，如果是，则返回 True；否则返回 False，语法格式如下：

```
str.endswith(sub[,start[,end]])
```

参数说明如下。

（1）str：表示原字符串。

（2）sub：表示要检索的目标字符串。

（3）start：可选参数。表示检索范围的起始位置的索引。不指定时默认从头开始检索。

（4）end：可选参数。表示检索范围的结束位置的索引，不指定，则一直检索到结尾。

endswith()方法代码示例：

```
str1 = "xingzhengguang"
str2 = "I am proud of being a chinese."
print(""ang"在指定位置吗? ",str1.endswith('ang'))
print(""am"在指定位置吗? ",str2.endswith('am',1,5))
```

运行结果:

```
"ang"在指定位置吗? True
"am"在指定位置吗? False
```

6. replace()方法

replace()方法使用指定子字符串替换字符串中的目标子字符串,语法格式如下:

```
str.replace(old,new[,max])
```

参数说明如下。

(1) str: 表示原字符串。

(2) old: 将被替换的子字符串。

(3) new: 新字符串,用于替换 old 子字符串。

(4) max: 可选参数。如指定,则替换次数不超过 max;如默认,则替换所有旧的字符串。

replace()方法代码示例:

```
str1 = 'What is the important thing in the world? '
new_s = str1.replace("the","an")
print("1.原字符串为: \n",str1)
print("2.用"an"替换"the"后字符串为: \n",new_s)
```

运行结果:

```
1.原字符串为:
 What is the important thing in the world?
2.用"an"替换"the"后字符串为:
 What is an important thing in an world?
```

3.5.4 字符串大小写转换

在 Python 中,为了方便对字符串中的字母进行大小写转换,字符串变量提供了 3 种方法: title()、lower()和 upper()。

1. title()方法

title()方法用于将字符串中每个单词的首字母转为大写,其他字母全部转为小写;转换完成后,此方法会返回转换后得到的字符串。如果字符串中没有需要被转换的字符,则返回原字符串,语法格式如下:

```
str.title()
```

其中，str 表示要进行转换的字符串。

title()方法代码示例：

```
str1 = "I am proud of being a chinese."
str2 = "xing zheng guang"
print("转换字符串 1 的新字符串为：",str1.title())
print("转换字符串 2 的新字符串为：",str2.title())
```

运行结果：

```
转换字符串 1 的新字符串为：  I Am Proud Of Being A Chinese.
转换字符串 2 的新字符串为：  Xing Zheng Guang
```

2．lower()方法

lower()方法用于将字符串中的所有大写字母转换为小写字母；转换完成后，返回新得到的字符串。如果字符串中原本都是小写字母，则返回原字符串，语法格式如下：

```
str.lower()
```

其中，str 表示要进行转换的字符串。

lower()方法代码示例：

```
str1 = "I am Proud of Being a Chinese."
str2 = "xing zheng guang"
print("转换字符串 1 的新字符串为：",str1.lower())
print("转换字符串 2 的新字符串为：",str2.lower())
```

运行结果：

```
转换字符串 1 的新字符串为：  i am proud of being a chinese.
转换字符串 2 的新字符串为：  xing zheng guang
```

3．upper()方法

upper()方法的功能和 lower()方法刚好相反，它是将字符串中的所有小写字母转换为大写字母；转换完成后，返回新字符串。如果字符串中原本都是大写字母，则返回原字符串，语法格式如下：

```
str.upper()
```

其中，str 表示要进行转换的字符串。

upper()方法代码示例：

```
str1 = "I am Proud of Being a Chinese."
str2 = "GUANGDONG"
print("转换字符串 1 的新字符串为：",str1.upper())
print("转换字符串 2 的新字符串为：",str2.upper())
```

运行结果：

转换字符串 1 的新字符串为：　I AM PROUD OF BEING A CHINESE.
转换字符串 2 的新字符串为：　GUANGDONG

【小贴士】上述 3 种方法只是将转换后的新字符串返回，不会修改原字符串。

3.5.5　去除字符串中的空格和特殊符号

当用户可能输入了多余的空格或者在特定场景下不允许字符串前后出现空格和特殊字符时，则需要删除字符串中的空格和特殊字符。这里的特殊字符，是指制表符（\t）、回车符（\r）、换行符（\n）等。

Python 中，字符串变量提供了 3 种删除字符串中多余的空格和特殊字符的方法：strip()、lstrip() 和 rstrip()。

1．strip() 方法

strip() 方法用于删除字符串左右两侧的空格和特殊字符，语法格式如下：

```
str.strip([chars])
```

参数说明如下。
（1）str：表示原字符串。
（2）chars：为可选参数，用来指定要删除的字符；可以同时指定多个；如果不指定，则默认删除空格以及制表符、回车符、换行符等特殊字符。

strip() 方法代码示例：

```
str1 = "@ >192.168.1.0.."
print("新字符串为：",str1.strip(" .@"))
#删除两侧的空格、圆点和@
print("原字符串为：",str1)
```

运行结果：

```
新字符串为： >192.168.1.0
原字符串为： @ >192.168.1.0..
```

2．lstrip() 方法

lstrip() 方法用于删除字符串左侧的空格和特殊字符，语法格式如下：

```
str.lstrip([chars])
```

参数说明如下。
（1）str：表示原字符串。
（2）chars：为可选参数，用来指定要删除的字符；可以同时指定多个；如果不指定，则默认删除空格以及制表符、回车符、换行符等特殊字符。

lstrip() 方法代码示例：

```
str1 = "@ >192.168.1.0.."
print("新字符串为：",str1.lstrip(" .@"))
```

```
#删除左侧的空格、圆点和@
print("原字符串为: ",str1)
```

运行结果:

```
新字符串为:  >192.168.1.0..
原字符串为:  @ >192.168.1.0..
```

3．rstrip()方法

rstrip()方法用于删除字符串右侧的空格和特殊字符,语法格式如下:

```
str.rstrip([chars])
```

参数说明如下。

(1) str:表示原字符串。

(2) chars:为可选参数,用来指定要删除的字符;可以同时指定多个;如果不指定,则默认删除空格以及制表符、回车符、换行符等特殊字符。

rstrip()方法代码示例:

```
str1 = "@ >192.168.1.0.."
print("新字符串为: ",str1.rstrip(" .@"))
#删除右侧的空格、圆点和@
print("原字符串为: ",str1)
```

运行结果:

```
新字符串为:  @ >192.168.1.0
原字符串为:  @ >192.168.1.0..
```

【小贴士】Python 的字符串是不可变的,因此这 3 个方法只返回被删除之后的新字符串,不改变原字符串内容。

3.5.6　字符串编码和解码

在 Python 中,有两种常用的字符串类型:str 和 bytes。其中,str 表示 Unicode 字符;bytes 表示二进制数据。通常情况下,str 类型在内存中以 Unicode 字符表示,但如要在网络上传输或保存到磁盘上,则需要把字符串类型(即 str 类型)转换为字节类型(即 bytes 类型)。

str 类型和 bytes 类型之间可使用 encode()方法和 decode()方法进行转换。这两种方法是互逆的。

【小贴士】bytes 类型的数据是带前缀 b 的字符串,如 b"\xb0\xae"、b'\xe8\xaf\xad'。

1．encode()方法

encode()方法为 str 对象的方法,用于将 str 类型转换成 bytes 类型,此过程也称为"编码",语法格式如下:

```
str.encode([encoding="utf-8"][,errors="strict"])
```

其中，中括号（[]）中的参数为可选参数，可使用也可不使用。参数说明如下。

（1）str：表示要进行转换的字符串。

（2）encoding="utf-8"：指定编码时采用的字符编码，默认采用 UTF-8。如果想使用简体中文，可以设置为 GB2312。当 encode()方法中只使用这一个参数时，可以省略前边的 encoding=，直接写编码格式，如 str.encode("UTF-8")。

（3）errors="strict"：指定错误处理方式，默认值为 strict。其可选择值为：strict（遇到非法字符就抛出异常）、ignore（忽略非法字符）、replace（用"？"替换非法字符）和 xmlcharrefreplace（使用 xml 的字符引用）。

encode()方法代码示例：

```
str1 = "我爱中国！"
print("采用 UTF-8 编码转换: \n",str1.encode())
print("采用 GB2312 编码转换: \n",str1.encode("gb2312"))
print("原字符串: ",str1)
```

运行结果：

```
采用 UTF-8 编码转换:
 b'\xe6\x88\x91\xe7\x88\xb1\xe4\xb8\xad\xe5\x9b\xbd\xef\xbc\x81'
采用 GB2312 编码转换:
 b'\xce\xd2\xb0\xae\xd6\xd0\xb9\xfa\xa3\xa1'
原字符串: 我爱中国！
```

【小贴士】使用 encode()方法对原字符串进行编码，不会直接修改原字符串；如果想修改原字符串，需要重新赋值。

2．decode()方法

decode()方法为 bytes 对象的方法，用于将 bytes 类型转换成 str 类型，也就是把使用 encode()方法转换的结果再转换为字符串，此过程也称为"解码"，语法格式如下：

```
str.decode([encoding="utf-8"][,errors="strict"])
```

其中，中括号（[]）中的参数为可选参数。参数说明如下。

（1）str：表示要进行转换的二进制数据。

（2）encoding="utf-8"：指定解码时采用的字符编码，默认采用 UTF-8。如果想使用简体中文，可以设置为 GB2312。当 decode()方法中只使用这一个参数时，可以省略前边的 encoding=，直接写编码格式，如 str.decode("UTF-8")。

【小贴士】对 bytes 类型数据解码采用的字符编码，要与编码采用的字符编码一致。

（3）errors="strict"：指定错误处理方式，默认值为 strict。其可选择值为：strict（遇到非法字符就抛出异常）、ignore（忽略非法字符）、replace（用"？"替换非法字符）和 xmlcharrefreplace（使用 xml 的字符引用）。

程序 3-11： decode()方法使用。

```
str1 = "我爱中国！"
bytes_1 = str1.encode()  #先编码，默认使用 UTF-8
```

```
print("解码后的内容为：",bytes_1.decode())#解码也默认使用 UTF-8
print("显示原字符串:",str1)
print("解码后的内容为：",bytes_1.decode("gb2312"))
#解码使用了 GB2312，与编码使用的不一致，运行时，会抛出异常
```

运行结果：

```
解码后的内容为： 我爱中国！
显示原字符串：我爱中国！
Traceback (most recent call last):
  File "C:/Users/jj/PycharmProjects/untitled/venv/my_ch3_chara.py", line 5,
in <module>
      print("解码后的内容为：",bytes_1.decode("gb2312"))
UnicodeDecodeError: 'gb2312' codec can't decode byte 0xe6 in position 0:
illegal multibyte sequence
```

【小贴士】在使用 decode()方法时，不会修改原字符串；如果想修改原字符串，需要重新
　　　　赋值。

3.5.7　字符串对齐方法

Python 提供了 3 种字符串对齐方法：ljust()、rjust()和 center()，实现字符串的左对齐、右对齐和居中对齐。

ljust()方法返回左对齐的指定长度的字符串。如指定长度大于原字符串长度，则在原字符串的右侧填充指定字符。

rjust()方法返回右对齐的指定长度的字符串。如指定长度大于原字符串长度，则在原字符串的左侧填充指定字符。

center()方法返回居中对齐的指定长度的字符串。如指定长度大于原字符串长度，则在原字符串的左右两侧填充指定字符。

3 种方法的语法格式如下：

```
str.ljust(width[,fillchar])
str.rjust(width[,fillchar])
str.center(width[,fillchar])
```

参数说明如下。

（1）str：表示要进行填充的字符串。

（2）width：表示新字符串占用的总长度（含原字符串长度）。

（3）fillchar：可选参数。填充字符串所用的字符，默认为空格。

程序 3-12：字符串对齐方法。

```
str1 = '我爱北京天安门'
print("1.文本左对齐显示为： ")
print(str1.ljust(20,'*'))
print("2.文本右对齐显示为： ")
```

```
print(str1.rjust(20,'*'))
print("3.文本居中对齐显示为: ")
print(str1.center(20,'*'))
```

运行结果:

```
1.文本左对齐显示为:
我爱北京天安门*************
2.文本右对齐显示为:
*************我爱北京天安门
3.文本居中对齐显示为:
******我爱北京天安门*******
```

【小贴士】ljust()、rjust()和 center()中如果指定的总长度小于原字符串的长度, 则返回原字符串。那么, 即便不清楚字符串中的字符数, 也可以确保字符串整齐排列。

3.6　字符串常量

Python 的 string 模块中包含了一些字符串常量。常用的 Python 字符串常量如下。

（1）string.ascii_letters: 包含所有 ASCII 码大小写字母的字符串。

（2）string.ascii_lowercase: 包含所有 ASCII 码小写字母的字符串。

（3）string.ascii_uppercase: 包含所有 ASCII 码大写字母的字符串。

（4）string.digits: 包含 0~9 的字符串。

（5）string.hexdigits: 包含十六进制数码的字符串。

（6）string.octdigits: 包含八进制数码的字符串。

（7）string.punctuation: 包含所有标点的字符串。

（8）string.printable: 包含所有可以打印字符的字符串。

（9）string.whitespace: 包含所有空白字符的字符串。包括空格、制表符、换行符、返回符、换页符等。

程序 3-13: 字符串常量的使用。

```
import string #导入模块
print("***********Python 中常用的字符串常量使用***********")
print("1.显示数字: ",string.digits)
print("2.显示能打印字符: \n",string.printable)
print("3.显示所有标点: ",string.punctuation)
print("4.显示 ASCII 码中的字母: \n",string.ascii_letters)
print("5.显示 ASCII 码中的小写字母: ",string.ascii_lowercase)
print("6.显示 ASCII 码中的大写字母: ",string.ascii_uppercase)
print("7.显示十六进制数码: ",string.hexdigits)
print("8.显示八进制数码: ",string.octdigits)
print("9.显示空白符: ",string.whitespace)
```

运行结果：

```
***************Python 中常用的字符串常量使用***************
1.显示数字：0123456789
2.显示能打印字符：
  0123456789abcdefghijklmnopqrstuvwxyzABCDEFGHIJKLMNOPQRSTUVWXYZ!"#$%&'()*
+,-./:;<=>?@[\]^_`{|}~
3.显示所有标点：!"#$%&'()*+,-./:;<=>?@[\]^_`{|}~
4.显示 ASCII 码中的字母：
  abcdefghijklmnopqrstuvwxyzABCDEFGHIJKLMNOPQRSTUVWXYZ
5.显示 ASCII 码中的小写字母：abcdefghijklmnopqrstuvwxyz
6.显示 ASCII 码中的大写字母：ABCDEFGHIJKLMNOPQRSTUVWXYZ
7.显示十六进制数码：0123456789abcdefABCDEF
8.显示八进制数码：01234567
9.显示空白符：
```

【小贴士】字母字符串常量与地区有关，其具体值取决于 Python 所配置的语言。例如，确认使用的是 ASCII 码，那么就可以在前面加上 ascii_前缀。

其实，字符串类型的大部分功能都在 str 类型中，string 模块并不常用。有关 string 模块更详尽的用法，请查看官方文档。

3.7　正则表达式

正则表达式（Regular Expression）是一个特殊的字符序列，包括普通字符（如 a~z）和特殊字符（称为"元字符"）。它能帮助程序员检查一个字符串是否与某种模式匹配。

正则表达式使用单个字符串来描述、匹配一系列匹配某个句法规则的字符串。

Python 中 re 模块拥有全部的正则表达式功能。在实现时，可以使用 re 模块提供的方法进行字符串处理；也可以使用 re 模块的 compile()函数来操作字符串。

使用 re 模块时，先要导入 import 语句。代码示例：

```
import re
```

本节主要介绍 Python 中常用的正则表达式处理函数和方法。

【小贴士】compile()函数根据一个模式字符串和可选的标志参数生成一个正则表达式对象，再使用正则表达式对象拥有的一系列方法来操作字符串。

3.7.1　匹配字符串

匹配字符串可以使用 re 模块提供的 match()、search()、findall()和 finditer()等方法。

1. re.match()方法

re.match()方法用于从字符串的起始位置匹配一个模式，匹配成功返回一个匹配的对象；

如果不是起始位置匹配成功，则返回 None，语法格式如下：

```
re.match(pattern,string[,flags])
```

参数说明如下。

（1）pattern：表示模式字符串，由要匹配的正则表达式转换而来。

（2）string：表示要匹配的字符串。

（3）flags：可选参数，表示标志位，用于控制匹配方式。例如，是否区分字母的大小写。

常用标志，如表 3-7 所示。

表 3-7　常用的标志

标　　志	描　　述
A 或 ASCII	对于\w、\W、\b、\B、\d、\D、\s、\S 只进行 ASCII 码匹配
I 或 IGNORECASE	执行不区分字母大小写的匹配
M 或 MULTILINE	将^和$用于包括整个字符串的开始和结尾的每一行（默认仅适用于整个字符串的开始和结尾处）
S 或 DOTALL	使用（.）字符匹配所有字符，包括换行符
X 或 VERBOSE	忽略模式字符串中未转义的空格和注释

re.match()方法代码示例：

```
import re #引用模块
print(re.match("am","I am Jiang."))
#re.I 表示不区分大小写
print(re.match("china","China is the greatest country.",re.I))
```

运行结果：

```
None
<re.Match object; span=(0, 5), match='China'>
```

2．re.search()方法

re.search()方法用于在整个字符串中搜索第一个匹配的值，匹配成功返回一个匹配的对象；匹配不成功，返回 None，语法格式如下：

```
re.search(pattern,string[,flags])
```

各参数的含义与 re.match()方法相同。

re.search()方法代码示例：

```
import re #引用模块
print(re.search(r"chi\wese","CHi-nese chi_nese ",re.I))
#re.I 表示不区分大小写
print(re.search(r"chi\we","CHi-nese chi_na Chinese_0",re.I))
```

运行结果：

```
None
<re.Match object; span=(16, 21), match='Chine'>
```

3. re.compile()函数

re.compile()函数用于编译正则表达式，生成一个正则表达式（Pattern）对象，供 re.match()
方法和 re.search()方法使用，语法格式如下：

```
re.compile(pattern[,flags])
```

参数说明如下。

（1）pattern：一个字符串形式的正则表达式。

（2）flags：可选参数，表示匹配模式。例如，忽略大小写、多行模式等。

flags 参数，如表 3-8 所示。

表 3-8　flags 参数

参　　数	描　　述
re.I	忽略大小写
re.L	表示特殊字符集\w,\W,\b,\B,\s,\S 依赖于当前环境
re.M	多行模式
re.S	即为'.'并且包括换行符在内的任意字符（'.'不包括换行符）
re.U	表示特殊字符集\w,\W,\b,\B,\d,\D,\s,\S 依赖于 Unicode 字符属性数据库
re.X	为了增加可读性，忽略空格和' # '后面的注释

当匹配成功时返回一个 Match 对象。

（1）group([group1，…])方法：用于获得一个或多个分组匹配的字符串，当要获得整
个匹配的子串时，可直接使用 group()或 group(0)。

（2）start([group])方法：用于获取分组匹配的子串在整个字符串中的起始位置（子串
第一个字符的索引），参数默认值为 0。

（3）end([group])方法：用于获取分组匹配的子串在整个字符串中的结束位置（子串最
后一个字符的索引+1），参数默认值为 0。

（4）span([group])方法：返回(start(group), end(group))。

程序 3-14：re.compile()方法使用。

```
import re                                #引用模块
pattern = re.compile(r'([a-z]+) ([a-z]+)', re.I) #re.I 表示忽略大小写
m = pattern.match('hello adob 1423 gua67ng')
print("1.match 对象：",m)                #匹配成功，返回一个 Match 对象
print("2.返回整个子串：",m.group(0))     #返回匹配成功的整个子串
print("3.子串索引：",m.span(0))          #返回匹配成功的整个子串的索引
print("4.m.group(1)为",m.group(1))       #返回第一个分组匹配成功的子串
print("5.第一组子串索引：",m.span(1))    #返回第一个分组匹配成功的子串的索引
print("6.第二个子串：",m.group(2))       #返回第二个分组匹配成功的子串
print("7.第二组子串索引：",m.span(2))    #返回第二个分组匹配成功的子串索引
```

运行结果：

```
1.match 对象： <re.Match object; span=(0, 10), match='hello adob'>
2.返回整个子串： hello adob
3.子串索引： (0, 10)
4.m.group(1)为 hello
5.第一组子串索引： (0, 5)
6.第二个子串： adob
7.第一组子串索引： (6, 10)
```

4．re.findall()方法

re.findall()方法用于在字符串中找到正则表达式所匹配的所有子串，并返回一个列表；如果没有找到匹配，则返回空列表，语法格式如下：

```
re.findall(pattern,string[,flags])
```

各参数的含义与 re.match()方法相同。

re.findall()方法代码示例：

```
import re  #引用模块
result1 = re.findall(r'\d+', '136 adob 1423 gua67ng')
print(result1)
```

运行结果：

```
['136', '1423', '67']
```

【小贴士】re.match()和 re.search()匹配一次，而 re.findall()匹配所有。

5．re.finditer()方法

re.finditer()方法和 re.findall()类似，用于在字符串中找到正则表达式所匹配的所有子串，并把它们作为一个迭代器返回，语法格式如下：

```
re.finditer(pattern,string[,flags])
```

各参数的含义与 re.match()方法相同。

re.finditer()方法代码示例：

```
import re #引用模块
result1 = re.finditer(r'\d+', '136 adob 1423 gua67ng')
for match in result1:
    print(match.group())
```

运行结果：

```
136
1423
67
```

3.7.2　替换字符串

re.sub()方法用于字符串替换，语法格式如下：

```
re.sub(pattern,repl,string,count,flags)
```

参数说明如下。

（1）pattern：表示模式字符串，由要匹配的正则表达式转换而来。

（2）repl：表示替换的字符串。

（3）string：表示要被查找的原始字符串。

（4）count：可选参数，表示模式匹配后替换的最大次数。默认为 0，表示替换所有的匹配。

（5）flags：可选参数，表示标志位，用于控制匹配方式。常用标志与 match()方法的相同。

程序 3-15： re.sub()方法使用。

```
import re #引用模块
num0 = "地址：广州市花都区，电话：13612345678"
pat = r"1*\d{10}"
num1 = re.sub(pat,"***********",num0)
print("旧地址为",num0)
print("新地址为",num1)
```

运行结果：

```
旧地址为 地址：广州市花都区，电话：13612345678
新地址为 地址：广州市花都区，电话：***********
```

3.7.3　分割字符串

re.split()方法用于实现按照正则表达式分割字符串，并以列表的形式返回，语法格式如下：

```
re.split(pattern,string[,maxsplit][,flags])
```

参数说明如下。

（1）pattern：表示模式字符串，由要匹配的正则表达式转换而来。

（2）string：表示要匹配的字符串。

（3）maxsplit：可选参数，表示分割次数。默认为 0，不限制次数。

（4）flags：可选参数，表示标志位，用于控制匹配方式。常用标志与 re.match()方法的相同。

程序 3-16： re.split()方法使用。

```
import re #引用模块
old = "姓名,地址,电话,备注"
```

```
new = re.split('\W+', old)
print("旧格式为",old)
print("新格式为",new)
```

运行结果：

```
旧格式为 姓名,地址,电话,备注
新格式为 ['姓名', '地址', '电话', '备注']
```

【小贴士】re.split()方法与字符串对象的 split()方法作用类似，不同之处在于分割字符由模式字符串指定。

3.7.4　元字符

如表 3-9 所示，列出了部分元字符以及它们在正则表达式上下文中的行为。

表 3-9　元字符

字　　符	描　　述
\	将下一个字符标记为一个特殊字符、或一个原义字符、或一个向后引用、或一个八进制转义符。例如，'n'匹配字符"n"。"\n'匹配一个换行符。序列\\匹配"\"，而"\("则匹配"("
^	匹配输入字符串的开始位置
$	匹配输入字符串的结束位置
*	匹配前面的子表达式零次或多次。例如，zo*能匹配"z"以及"zoo"。*等价于{0,}
+	匹配前面的子表达式一次或多次。例如，'zo+'能匹配"zo"以及"zoo"，但不能匹配"z"。+等价于{1,}
?	匹配前面的子表达式零次或一次。例如，"do(es)?"可以匹配"do"或"does"。?等价于{0,1}
{n}	n 是一个非负整数。匹配确定的 n 次。例如，'o{2}'不能匹配"Bob"中的'o'，但是能匹配"food"中的两个 o
{n,}	n 是一个非负整数。至少匹配 n 次。例如，'o{2,}'不能匹配"Bob"中的'o'，但能匹配"foooood"中的所有 o。'o{1,}'等价于'o+'。'o{0,}'则等价于'o*'
{n,m}	m 和 n 均为非负整数，其中 n<=m。最少匹配 n 次且最多匹配 m 次。例如，"o{1,3}"将匹配"fooooood"中的前三个 o。'o{0,1}'等价于'o?'。请注意在逗号和两个数之间不能有空格
x|y	匹配 x 或 y。例如，'z|food'能匹配"z"或"food"。'(z|f)ood'则匹配"zood"或"food"
.	匹配除换行符（\n、\r）之外的任何单个字符。要匹配包括\n'在内的任何字符，请使用像"(.|\n)"的模式
\b	匹配一个单词边界，也就是指单词和空格间的位置。例如，'er\b'可以匹配"never"中的'er'，但不能匹配"verb"中的'er'
\B	匹配非单词边界。'er\B'能匹配"verb"中的'er'，但不能匹配"never"中的'er'
\d	匹配一个数字字符，等价于[0-9]
\D	匹配一个非数字字符，等价于[^0-9]
\f	匹配一个换页符，等价于\x0c 和\cL
\n	匹配一个换行符，等价于\x0a 和\cJ
\r	匹配一个回车符，等价于\x0d 和\cM

续表

字　符	描　　述
\s	匹配任何空白字符，包括空格、制表符、换页符等，等价于[\f\n\r\t\v]
\S	匹配任何非空白字符，等价于[^\f\n\r\t\v]
\t	匹配一个制表符，等价于\x09 和\cI
\v	匹配一个垂直制表符，等价于\x0b 和\cK
\w	匹配字母、数字、下画线，等价于'[A-Za-z0-9_]'
\W	匹配非字母、数字、下画线，等价于'[^A-Za-z0-9_]'

3.8　拓　展　实　践

3.8.1　统计各类字符的个数

根据输入的字符，统计出其中英文字母、空格、数字和其他字符的个数。（提示：利用 while 循环或 for 循环。）

程序 3-17： 统计各类字符的个数。

```python
str1 = input("请输入字符串：")
alp1 = 0
num1 = 0
spa1 = 0
oth1 = 0
for i in range(len(str1)):
    if str1[i].isspace():
        spa1 += 1
    elif str1[i].isdigit():
        num1 += 1
    elif str1[i].isalpha():
        alp1 += 1
    else:
        oth1 += 1
print('您输入的字符中空格有：%s 个'%spa1)
print('您输入的字符中数字有：%d 个'%num1)
print('您输入的字符中字母有：%s 个'%alp1)
print('您输入的字符中其他字符有：%s 个'%oth1)
```

运行结果：

```
请输入字符串：jdhl 2 werwq746!o @$#3,/    78
您输入的字符中空格有：4 个
您输入的字符中数字有：7 个
您输入的字符中字母有：10 个
您输入的字符中其他字符有：6 个
```

3.8.2　模拟微信发红包

思路 1：用 for 语句实现。

程序 3-18：用 for 语句实现模拟微信发红包。

```
import random

print('***********模拟微信发红包***********')
total = float(input('请输入红包的总金额（元）: '))
num = int(input('请输入红包的总个数（个）: '))
money_list = []
total = round(total,2)
for i in range(1,num):                       #从 1 开始循环 num - 1 次
    number = random.uniform(0.01,total)      #随机在 0.01 到红包总金额中取一个数
    number = round(number,2)                 #取小数点后两位
    total = total - number                   #剩下的金额
    money_list.append(number)                #将随机取到的金额放入列表
last_num = round(total,2)                     #取小数点后两位
money_list.append(last_num)                   #将最后循环剩下的金额放入列表
random.shuffle(money_list)                    #打乱列表顺序
for x in range(len(money_list)):              #输出结果
    print('第'+str(x+1)+'个红包: '+str(money_list[x])+'元')

#上述代码运行后，可能会出现金额为-0.01 元的红包
```

运行结果:

```
***********模拟微信发红包***********
请输入红包的总金额（元）: 100
请输入红包的总个数（个）: 7
第 1 个红包: 1.31 元
第 2 个红包: 26.83 元
第 3 个红包: 5.18 元
第 4 个红包: 5.81 元
第 5 个红包: 11.12 元
第 6 个红包: 0.99 元
第 7 个红包: 48.76 元
```

【小贴士】思路 1 中，可能会出现金额为-0.01 元的红包，所以需要改进代码。

思路 2：定义函数，调用函数完成。

程序 3-19：定义函数，调用函数完成模拟微信发红包。

```
import random


def luck_money(total, num):
    tmp = num
```

```
    for i in range(num-1):                #循环 num-1 次
        hb = round(random.uniform(0.01, total), 2)
        total = total - hb
        if total <= num*0.01:             #为了保证每个人最少能拿到 0.01 元
            total = total + hb
            num -= 1
            hb = total - num*0.01
            yield round(hb, 2)            #yield 和 return 相似，返回值
            for j in range(i+1, tmp):
                yield 0.01
            break                         #循环完后结束上次循环
        yield hb
        num -= 1
    else:                                 #将所有余额分给最后一个红包
        total = round(total, 2)
        yield total


print('************模拟微信发红包************')
x = int(input("请输入红包的总金额（元）: "))
y = int(input("请输入红包的总个数（个）: "))
g = luck_money(x,y)
j = 1
for i in g:
    print("第%d 个红包的金额为: %.2f" % (j, i))
    j += 1
```

运行结果:

```
************模拟微信发红包************
请输入红包的总金额（元）: 20
请输入红包的总个数（个）: 10
第 1 个红包的金额为: 0.30
第 2 个红包的金额为: 9.53
第 3 个红包的金额为: 3.68
第 4 个红包的金额为: 5.99
第 5 个红包的金额为: 0.22
第 6 个红包的金额为: 0.24
第 7 个红包的金额为: 0.01
第 8 个红包的金额为: 0.01
第 9 个红包的金额为: 0.01
第 10 个红包的金额为: 0.01
```

本 章 小 结

本章主要介绍了字符串的定义、值访问及拼接方法；字符串有哪些编码格式；转义字符如何表达和使用、原始字符串如何表达；如何格式化字符串；字符串有哪些常用的方法

及如何使用这些方法；常用的字符串常量有哪些；正则表达式的使用。重点掌握字符串的格式化、字符串方法的使用及正则表达式的使用。

习 题

一、填空题

1．Python 语句''.join(list('hello world!'))执行的结果是_____。

2．表达式'apple.peach,banana,pear'.find('ppp')的值为_____。

3．表达式':'.join('abcdefg'.split('cd'))的值为_____。

4．表达式'Hello world. I like Python.'.rfind('python')的值为_____。

5．表达式'abcabcabc'.count('abc')的值为_____。

6．表达式'abcdefg'.split('d')的值为_____。

7．表达式':'.join('1,2,3,4,5'.split(','))的值为_____。

8．表达式','.join('a   b   ccc\n\n\nddd   '.split())的值为_____。

9．表达式'Hello world'.upper()的值为_____。

10．转义字符'\n'的含义是_____。

二、判断题

1．Python 运算符%不仅可以用来求余数，还可以用来格式化字符串。（   ）

2．在 GBK 码和 CP936 编码中一个汉字需要两个字节。（   ）

3．字符串属于 Python 有序序列，支持双向索引。（   ）

4．Python 字符串方法 replace()对字符串进行原地修改。（   ）

5．已知 x 为非空字符串，那么表达式 ''.join(x.split()) == x 的值一定为 True。（   ）

6．如果需要连接大量字符串成为一个字符串，那么使用字符串对象的 join()方法比运算符"+"具有更高的效率。（   ）

7．使用正则表达式对字符串进行分割时，可以指定多个分隔符；而字符串对象的 split()方法无法做到这一点。（   ）

8．正则表达式元字符"^"一般用来表示从字符串开始处进行匹配，用在一对中括号中的时候则表示反向匹配，不匹配中括号里的字符。（   ）

三、选择题

1．表达式'abcabcabc'.rindex('abc')的值为（   ）。

    A．3   B．4   C．5   D．6

2．表达式'apple,peach,banana,pear'.find('p')的值为（   ）。

    A．1   B．2   C．3   D．4

3．用来匹配任意数字字符的正则表达式元字符为（　　　）。

　　A．\s　　　　　　B．\b　　　　　　C．\d　　　　　　D．\w

4．正则表达式模块 re 的（　　）方法是从字符串的开始匹配，如果匹配成功则返回 match 对象；否则返回空值 None。

　　A．match()　　　　B．search()　　　　C．findall()　　　　D．compile()

5．在 UTF-8 码中一个汉字需要占用（　　）个字节。

　　A．1　　　　　　　B．2　　　　　　　C．3　　　　　　　D．4

四、简答题

1．什么是正则表达式？

2．什么是转义字符？

五、编程题

1．字符串排序。

2．在给定的字符串中查找子字符串。

3．输入星期的第一个字母来判断是星期几。如果第一个字母相同，则继续判断第二个字母。（这里用字典的形式直接将对照关系存好。）

第4章 Python 数据结构

学习目标

❑ 掌握列表、元组、字典和集合的语法规则。
❑ 掌握数据结构的访问。
❑ 掌握列表、元组的循环遍历方法。
❑ 掌握数据结构的增、删、查、改方法。
❑ 熟悉列表推导式。
❑ 了解数据结构嵌套。

任务导入

场景 1: 大一新生入学后, 学校会为学生建立学籍档案。在学籍档案中保存了学生的相关信息, 如学号、年龄、性别、籍贯等。如果要实现学籍信息化软件系统, 如何在程序中保存各个班级所有同学的学籍信息?

场景 2: 很多同学使用过手机里的音乐软件, 在音乐软件中保存了播放歌曲的歌单列表, 那么歌曲的歌单在软件中如何保存?

实际上, 如果用 Python 来实现上述功能, 场景 1 可以使用字典这种数据结构来保存学籍信息; 场景 2 可以使用列表来保存歌单。在 Python 中除了字典和列表之外, 还有其他数据结构; 这些数据结构被称为序列, 可以用来解决程序设计中的数据存储问题。

4.1 概　　述

Python 语言中, 序列是非常常见的数据结构。序列可以包含一组数据, 序列中的数据存在索引, 序列元素的索引默认从 0 开始。在 C 语言或者 Java 语言中有数组类型, 数组可以保存大量数据。如果了解 C 语言或者 Java 语言, 学习的时候不妨通过对比来学习; Python 中的序列功能相比前者更加强大。序列是一种容器类结构, 常见的有列表、元组、字符串、字典、集合等。

可以从多个角度对序列进行分类。例如, 从是否有序来看, 可以分为有序序列和无序序列。有序序列例如列表, 可以通过元素的索引依序访问; 无序序列例如集合, 元素没有顺序, 但集合中的元素具有唯一性。从是否可变来看, 序列又可以分为可变序列和不可变序列。可变序列例如列表, 可以修改列表, 对列表元素进行增加、删除、修改等操作; 不可变序列例如元组, 则不支持上述修改操作。

序列中的值都有对应的位置值, 称之为索引; 从前往后第一个索引是 0, 第二个索引是 1，依此类推。Python 有 4 种常见的内建序列，其中列表和元组使用频率最高，它们统称为容器。Python 的容器可以存储大量数据，类似于 C 语言中的数组；但 Python 提供了更加强大的功能。

4.2 列　　表

列表是一种可变的有序序列，由一系列有特定顺序的元素构成，语法格式如下：

```
列表名 = [元素 1, 元素 2, 元素 3, … , 元素 N ]
```

从语法形式上看，列表中的所有元素都放在一对中括号（[ ]）中，两个相邻元素间使用逗号"，"分隔。内容上，列表元素可以是整数、实数、字符串、列表、元组等任何 Python 的数据类型。也就是说，列表可以保存丰富类型的数据，列表元素的数据类型不强制要求一致。同一个列表中，元素的类型可以不同，元素之间没有任何关系。由此可见，Python 中列表的使用非常灵活。

列表的常用操作包括创建列表、访问列表元素、列表的增删查改等。此外，Python 还内置了若干实用方法，如确定列表的长度、确定列表最大值和最小值等方法。

【小贴士】Python 与 C 语言、Java 语言不同，后两者使用数组来保存一个数据序列，数组中的元素必须是同一种数据类型。而在 Python 中列表的元素类型丰富多样，列表元素的类型可以相同，也可以不相同。

4.2.1　创建和删除列表

1．使用赋值运算符创建列表

Python 提供了多种创建列表的方法。最直接的方法是使用赋值运算符，列出列表的各个元素，不同元素之间用逗号分隔，最后使用方括号括起来即可创建列表。代码示例：

```
list1 = ['Google', 'baidu', 1998, 2000]
list2 = [1, 2, 3, 4, 5 ]
list3 = ["演员", "断桥残雪", "素颜", "曹操"]
list4 = ['red', 'green', 'blue', 'yellow', 'white', 'black']
```

列表可以为空，即可以创建空列表。代码示例：

```
emptylist = []
```

2．使用 list() 函数创建列表

list() 函数的语法格式如下：

```
list(data)
```

其中，data 表示可以转换为列表的数据，它可以是 range 对象、字符串、元组或者其他

可迭代类型的数据。

例如，创建一个 1～10（不包括 10）所有奇数的列表，代码示例：

```
list5 = list(range(1, 10, 2))
```

运行上面的代码后，将得到下面的列表。

```
[1, 3, 5, 7, 9]
```

【小贴士】使用 list()函数不仅能通过 range 对象创建列表，还可以通过其他对象创建列表。

3．删除列表

对于已经创建的列表，不再使用时可以使用 del 语句将其删除，语法格式如下：

```
del listname
```

其中，listname 为要删除列表的名称。

【小贴士】del 语句在实际开发时并不常用。因为 Python 自带的垃圾回收机制会自动将其
　　　　 删除。

定义一个名称为 team 的列表，然后应用 del 语句将其删除，代码示例：

```
team = ['皇马', '巴萨', '拜仁', '利物浦']
del team
```

4.2.2　列表的常用操作

1．访问列表元素

可以使用索引来访问列表元素，默认索引从头部开始，第一个元素的索引为 0，第二
个元素的索引为 1，依次类推。索引也可以从尾部开始计，最后一个元素的索引为-1，往
前一位为-2，依次类推，如图 4-1 所示。

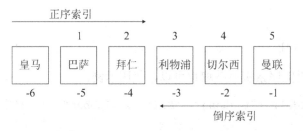

图 4-1　列表索引

使用正序索引访问列表，代码示例：

```
list1 = ['red', 'green', 'blue', 'yellow', 'white', 'black']
print(list1[0])
print(list1[1])
print(list1[2])
```

运行结果:

```
red
green
blue
```

使用倒序索引访问列表元素，代码示例:

```
list1 = ['red', 'green', 'blue', 'yellow', 'white', 'black']
print(list1[-1])
print(list1[-2])
print(list1[-3])
```

运行结果:

```
black
white
yellow
```

2. 列表切片与拼接

除了使用索引来访问列表中的值，也可以使用分片的形式截取列表元素，如图 4-2 所示。

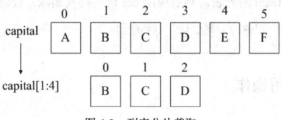

图 4-2　列表分片截取

代码示例:

```
nums = [10, 20, 30, 40, 50, 60, 70, 80, 90]
print(nums[0:4])
```

运行结果:

```
[10, 20, 30, 40]
```

从后往前，使用倒序索引值截取也可以，代码示例:

```
list1 = ['Baidu', 'Jingdong', "Zhihu", "Taobao", "Wiki"]
#读取第二位
print("list1[1]: ", list1[1])
#从第二位开始（包含），截取到倒数第二位（不包含）
print("list1[1:-2]: ", list1[1:-2])
```

运行结果:

```
list1[1]:  Jingdong
list1[1:-2]:  ['Jingdong', 'Zhihu']
```

假设列表 L=['Baidu', 'Jingdong', 'Taobao']，对列表进行分片截取的结果，如表 4-1 所示。

表 4-1　列表切片举例

Python 表达式	结　　果	描　　述
L[2]	'Taobao'	获取第三个元素
L[-2]	'Jingdong'	从右侧开始获取倒数第二个元素
L[1:]	['Jingdong', 'Taobao']	获取从第二个元素开始后的所有元素

列表还支持拼接操作，使用加法运算符"+"可以拼接两个列表，从而得到一个新的列表。

代码示例：

```
squares = [1, 4, 9, 16, 25]
squares += [36, 49, 64, 81, 100]
print(squares)
```

运行结果：

```
[1, 4, 9, 16, 25, 36, 49, 64, 81, 100]
```

3. 修改列表

列表属于可变数据类型，可以对列表元素进行修改、更新。

代码示例：

```
list1 = ['Google', 'Runoob', 1997, 2000]
print("第三个元素为: ", list1[2])
list1[2] = 2001
print("更新后的第三个元素为: ", list1[2])
```

运行结果：

```
第三个元素为:  1997
更新后的第三个元素为:  2001
```

可以用 append()方法添加列表项。与"+"运算符相比，使用 append()方法更快，该方法用于在列表的末尾追加元素，语法格式如下：

```
listname.append(obj)
```

其中，listname 表示列表名称，obj 代表要添加到列表末尾的对象。

程序 4-1： 创建列表，保存 NBA 名人堂球员姓名，并追加新球员姓名。（方法一）

```
#NBA 名人堂原有人员
old_list = ["乔丹", "贾巴尔", "奥拉朱旺", "巴克利", "姚明"]
#新增人员
old_list.append("基德")
print(old_list)
```

运行结果：

```
['乔丹', '贾巴尔', '奥拉朱旺', '巴克利', '姚明', '基德']
```

也可以使用 extend()方法来添加列表项，语法格式如下：

```
listname.extend(seq)
```

其中，listname 表示原列表，seq 表示需添加的列表，执行语句后 seq 列表的元素将追加到 listname 列表的后面，listname 列表的长度变长。

不难发现，append()方法只能向列表中添加一个元素；而 extend()方法可以向列表一次性添加多个元素。

程序 4-2：创建列表，保存 NBA 名人堂球员姓名，并追加新球员姓名。（方法二）

```
#NBA 名人堂原有人员
old_list = ["乔丹", "贾巴尔", "奥拉朱旺", "巴克利", "姚明"]
#新增人员列表
new_list = ["基德", "纳什", "希尔"]
old_list.extend(new_list)          #追加新球星
print(old_list)
```

运行结果：

```
['乔丹', '贾巴尔', '奥拉朱旺', '巴克利', '姚明', '基德', '纳什', '希尔']
```

【小贴士】其实，除了 append()方法和 extend()方法，Python 还提供了 insert()方法向列表中添加元素，insert()方法的特别之处在于插入元素时可以指定在列表中的位置。如果感兴趣不妨查阅 Python 帮助文档。

通过前面的学习，了解了列表元素的修改和增加，那么如何删除列表元素呢？其实，删除可以使用前面用过的 del 语句；del 语句可以删除整个列表，也可以单独删除列表的某个元素。

代码示例：

```
list1 = ['Google', 'Runoob', 1997, 2000]
print("原始列表: ", list1)
del list1[2]
print("删除第三个元素: ", list1)
```

运行结果：

```
原始列表: ['Google', 'Runoob', 1997, 2000]
删除第三个元素: ['Google', 'Runoob', 2000]
```

4．列表脚本操作符

前面知道，"+"运算符可以拼接两个列表，得到一个新列表；除此之外，"*"运算符也可以用于列表运算；使用"*"将列表和整数相乘，可以实现列表的重复；还有成员测试运算符 in，可用于测试列表中是否包含某个元素；还有关系运算符可用于比较两个列表的大小，如表 4-2 所示。

表 4-2　列表操作举例

Python 表达式	执 行 结 果	解　　析
[1, 2, 3, 4]+[5, 6, 7, 8]	[1, 2, 3, 4, 5, 6, 7, 8]	列表拼接
['Python'] * 3	['Python', 'Python', 'Python']	列表重复
'Python' in ['you', 'need', 'Python']	True	判断元素是否存在于列表中
for i in [1, 2, 3, 4]: print(i, end=",")	1,2,3,4,	列表遍历
[1,2,3]<[1,2,4,5]	True	列表大小比较
[1,2,3]==[1,2,4,5]	False	列表相等比较

5. 列表嵌套

在 Python 中，列表的元素还可以是一个列表，这将得到嵌套的列表。以二维列表为例，下面看看二维列表的创建和使用。

程序 4-3：使用二维列表，保存皮具品牌及价格。

```python
price = [600, 550, 800, 990]
item = ['保罗皮包', '七匹狼皮包', '金利来皮包', '花花公子皮包']
group = [price, item]
print("二维列表: ", group)
print("访问二维列表第一行:", group[0])
print("访问二维列表元素:", group[1][0])
```

运行结果：

```
二维列表: [[600, 550, 800, 990], ['保罗皮包', '七匹狼皮包', '金利来皮包', '花花公子皮包']]
访问二维列表第一行: [600, 550, 800, 990]
访问二维列表元素: 保罗皮包
```

二维列表的信息可以表达为行和列的形式，第 1 个索引代表元素所在的行，第 2 个索引代表元素所在的列。上面代码中的 group 是二维列表，第一行有 4 个元素，第二行也有 4 个元素，二维列表 group 共有 8 个元素。

除了直接定义二维列表，也可以使用循环来创建二维列表。例如，可以结合 range()函数，创建一个 4 行 4 列的列表。

程序 4-4：使用循环，创建二维数字列表。

```python
group = []
for i in range(4):
    group.append([])        #为group列表添加空的内层列表
    for j in range(4):
        group[i].append(j)  #为内层列表添加元素
```

```
print("二维列表: ", group)
```

运行结果:

```
二维列表: [[0, 1, 2, 3], [0, 1, 2, 3], [0, 1, 2, 3], [0, 1, 2, 3]]
```

4.2.3 列表推导式

列表推导式可以对列表或其他可迭代对象进行遍历、过滤或再次计算,快速生成满足特定需求的新列表。多数情况下,可以使用 for 循环、if 语句组合完成同样的任务,但列表推导式书写的代码更加简洁。列表推导式使用方便,在 Python 编程中经常使用,语法格式如下:

```
[ <表达式> for x1 in <序列 1> [ … for xN in <序列 N>  if <条件表达式>] ]
```

该语法分为 3 个部分:首先是生成每个元素的表达式,然后是 for 循环迭代过程,最后是可以选择性地设定一个 if 语句作为过滤条件。

程序 4-5:生成平方数列表。

```
square1 = []
for i in range(10):
    square1.append(i ** 2)
print("用 for 循环实现平方数列表: ", square1)

square2 = [i**2 for i in range(10)]
print("用列表推导式实现平方数列表: ", square2)
```

运行结果:

```
用 for 循环实现平方数列表:  [0, 1, 4, 9, 16, 25, 36, 49, 64, 81]
用列表推导式实现平方数列表:  [0, 1, 4, 9, 16, 25, 36, 49, 64, 81]
```

从上面的例子可以看出,使用列表推导式可以更加简便快捷地实现同样的功能。

程序 4-6:定义一个记录部门员工月薪的列表,然后应用列表推导式生成一个涨薪 10% 的新列表。

```
salary = [2000, 3000, 4500, 8000, 10000, 12000]
raise_salary = [int(i * 1.1) for i in salary]
print("原薪水: ", salary)
print("加薪 10%后: ", raise_salary)
```

运行结果:

```
原薪水:  [2000, 3000, 4500, 8000, 10000, 12000]
加薪 10%后:  [2200, 3300, 4950, 8800, 11000, 13200]
```

可以利用列表推导式,方便地筛选列表元素,如程序 4-7。

程序 4-7：筛选出部门月薪超过¥10000 的员工。

```
salary = [2000, 3000, 4500, 8000, 10000, 12000]
manager = [i for i in salary if i>=10000]
print("原薪水: ", salary)
print("薪水不低于¥10000 的: ", manager)
```

运行结果：

```
原薪水: [2000, 3000, 4500, 8000, 10000, 12000]
薪水不低于¥10000 的: [10000, 12000]
```

复杂一点的例子，在列表推导式中，允许同时遍历多个列表或可迭代对象。

程序 4-8：列表推导式同时遍历两个列表。

```
#列表推导式同时遍历两个列表
list1 = [(i, j) for i in [1, 2, 3] for j in [2, 3, 4] if i!=j]
print(list1)

#用等价循环实现
list2 = []
for i in [1, 2, 3]:
    for j in [2, 3, 4]:
        if i != j:
            list2.append((i, j))
print(list2)

list3 = [(i, j) for i in [1, 2, 3] if i==2 for j in [2, 3, 4] if j!=i]
print(list3)

#用等价循环实现
list4 = []
for i in [1, 2, 3]:
    if i == 2:
        for j in [2, 3, 4]:
            if j != i:
                list4.append((i, j))
print(list4)
```

运行结果：

```
[(1, 2), (1, 3), (1, 4), (2, 3), (2, 4), (3, 2), (3, 4)]
[(1, 2), (1, 3), (1, 4), (2, 3), (2, 4), (3, 2), (3, 4)]
[(2, 3), (2, 4)]
[(2, 3), (2, 4)]
```

4.2.4　列表常用函数

Python 定义了很多内置函数，可以方便地对列表进行各种操作，如表 4-3 所示。

表 4-3　内置函数举例

序　号	函　数	解　析
1	len(list)	列表元素个数
2	max(list)	返回列表元素最大值
3	min(list)	返回列表元素最小值
4	list(seq)	将序列转换为列表
5	sum(list)	列表元素之和
6	sorted(list)	列表排序
7	all(list)	测试是否所有元素等价于 True
8	any(list)	测试是否存在等价于 True 的元素

程序 4-9：列表常用内置函数使用。

```
import random

digit_list = list(range(10))
random.shuffle(digit_list)

print("随机数列表：", digit_list)
print("列表长度:", len(digit_list))
print("列表是否所有元素等价于 True:", all(digit_list))
print("测试列表是否存在等价于 True 的元素:", any(digit_list))
print("最大值:", max(digit_list))
print("最小值:", min(digit_list))
print("列表求和:", sum(digit_list))
print("zip()函数用于列表：", list(zip(digit_list, ['a', 'b'])))
print("enumerate 对象转换为列表:", list(enumerate(digit_list)))
```

运行结果：

```
随机数列表：[0, 8, 1, 5, 7, 4, 9, 6, 2, 3]
列表长度：10
列表是否所有元素等价于 True: False
测试列表是否存在等价于 True 的元素: True
最大值: 9
最小值: 0
列表求和: 45
zip()函数用于列表：[(0, 'a'), (8, 'b')]
enumerate 对象转换为列表: [(0, 0), (1, 8), (2, 1), (3, 5), (4, 7), (5, 4), (6,
9), (7, 6), (8, 2), (9, 3)]
```

内置函数中，sorted()函数用于列表排序，这个排序函数经常使用。使用该函数排序后，原列表的元素顺序不变，语法格式如下：

```
sorted(iterable,key=None,reverse=False)
```

参数说明如下。

（1）iterable：表示要进行排序的列表。

（2）key：表示指定从每个元素中提取一个用于比较的键。

（3）reverse：可选参数，如果其值为 True，表示降序排列；如果其值为 False，表示升序排列，默认为升序排列。

程序 4-10：列表排序。

```
price = [59, 65, 49, 89, 75, 15, 35]
price_as = sorted(price)
print("价格升序:", price_as)
price_ds = sorted(price, reverse=True)
print("价格降序:", price_ds)
print("原价格序列:", price, "\n")

item = ['保罗皮包', '七匹狼皮包', '金利来皮包', '花花公子皮包']
item_as = sorted(item)
print("商品名升序:", item_as)
print("原商品名序列:", item, "\n")

owner = ['Jack', 'Mary', 'Alice', 'july']
owner_as = sorted(owner)
print("拥有者升序（区分大小写）:", owner_as)
owner_as = sorted(owner, key=str.lower)
print("拥有者升序（不区分大小写）:", owner_as)
print("原拥有者序列:", owner)
```

运行结果：

```
价格升序: [15, 35, 49, 59, 65, 75, 89]
价格降序: [89, 75, 65, 59, 49, 35, 15]
原价格序列: [59, 65, 49, 89, 75, 15, 35]

商品名升序: ['七匹狼皮包', '保罗皮包', '花花公子皮包', '金利来皮包']
原商品名序列: ['保罗皮包', '七匹狼皮包', '金利来皮包', '花花公子皮包']

拥有者升序（区分大小写）: ['Alice', 'Jack', 'Mary', 'july']
拥有者升序（不区分大小写）: ['Alice', 'Jack', 'july', 'Mary']
原拥有者序列: ['Jack', 'Mary', 'Alice', 'july']
```

列表对象常用方法，如表 4-4 所示。

表 4-4　列表对象常用方法举例

序　号	方　　法	解　　析
1	list.append(obj)	在列表末尾添加新的对象
2	list.count(obj)	统计某个元素在列表中出现的次数
3	list.extend(seq)	在列表末尾一次性追加另一个序列中的多个值（用新列表扩展原来的列表）
4	list.index(obj)	从列表中找出某个值第一个匹配项的索引位置
5	list.insert(index, obj)	将对象插入列表
6	list.pop([index=-1])	移除列表中的一个元素（默认最后一个元素），并且返回该元素的值

序　号	方　　法	解　　析
7	list.remove(obj)	移除列表中某个值的第一个匹配项
8	list.reverse()	反向列表中元素
9	list.sort(key=None, reverse=False)	对原列表进行排序
10	list.clear()	清空列表
11	list.copy()	复制列表

程序 4-11：列表对象常用方法使用。

```python
item = ['保罗皮包', '七匹狼皮包', '金利来皮包', '保罗皮包', '花花公子皮包', '金利来皮包', '保罗皮包']
print("保罗皮包的销量是: ", item.count('保罗皮包'))
print("保罗皮包首次出现的索引位置: ", item.index('保罗皮包'), "\n")

price = [59, 65, 49, 89, 75, 15, 35]
print("原始价格:", price)
price.sort()
print("价格升序:", price)
price.sort(reverse=True)
print("价格降序:", price, "\n")

owner = ['Jack', 'Mary', 'Alice', 'july']
owner.sort()
print("拥有者升序（区分大小写）:", owner)
owner.sort(key=str.lower)
print("拥有者升序（不区分大小写）:", owner)
```

运行结果：

```
保罗皮包的销量是: 3
保罗皮包首次出现的索引位置: 0

原始价格: [59, 65, 49, 89, 75, 15, 35]
价格升序: [15, 35, 49, 59, 65, 75, 89]
价格降序: [89, 75, 65, 59, 49, 35, 15]

拥有者升序（区分大小写）: ['Alice', 'Jack', 'Mary', 'july']
拥有者升序（不区分大小写）: ['Alice', 'Jack', 'july', 'Mary']
```

4.3　元　　组

4.3.1　区分元组和列表

元组与列表非常相似，都是有序元素的序列，元组也可以包含任意类型的元素。与列表不同的是，元组是不可变的，也就是说元组一旦创建之后就不能修改，即不能对元组对象中的元素进行赋值修改、增加、删除等操作。通过前面的学习，已经知道列表的功能非常强大，列表允许任意修改列表中的元素，例如，插入一个元素或删除一个元素，原地排序等。列表的可变性可以方便地处理复杂的问题，如更新动态数据等，但有时候可能不希望某些处理过程修改对象的内容，例如，敏感数据需要保护，这时就需要用到元组，因为元组具有不可变性。

4.3.2　创建元组

类似于列表，创建元组只需传入有序元素即可，常用的创建方法有使用圆括号()创建和使用 tuple()函数创建。

1．使用圆括号()创建元组

列出元组包含的元素，使用圆括号将其括起来，并用逗号隔开，就可以创建元组。注意，这里的逗号是必须存在的，即使元组当中只有一个元素，元素后面也需要有逗号。也就是说，在 Python 中定义元组的关键在于当中的逗号，圆括号倒是可以省略。当输出元组时，Python 会自动加上一对圆括号。与列表一样，若不向圆括号中传入任何元素，则会创建一个空元组。

程序 4-12：直接创建元组。

```
tuple1 = (1, 2, 3, 4, 5, 6, 7)
tuple2 = ('曹操', '孙权', '刘备')
tuple3 = (1001, '关于 XX 的会议纪要', '20201220',{'主持人':'李总'})
tuple4 = ()
tuple5 = 1,#省略圆括号

print(tuple1)
print(tuple2)
print(tuple3)
print(tuple4)
print(tuple5)
```

运行结果：

```
(1, 2, 3, 4, 5, 6, 7)
('曹操', '孙权', '刘备')
(1001, '关于 XX 的会议纪要', '20201220', {'主持人': '李总'})
()
(1,)
```

2．使用 tuple()函数创建元组

使用 tuple()函数能够将其他类型对象转换成元组类型。例如，先创建一个列表，再将列表作为参数传入 tuple()函数中，就可以得到元组，实现元组的创建。

基本语法如下：

```
tuple(data)
```

其中，data 表示可以转换为元组的数据，其类型可以是 range 对象、字符串、列表或者其他可迭代类型的数据。

程序 **4-13**：使用 tuple()函数创建元组。

```
list1 = ['red', 'green', 'blue', 'yellow', 'white', 'black']
tuple1 = tuple(list1)
empty_tuple = tuple()

print(tuple1)
print(empty_tuple)
```

运行结果：

```
('red', 'green', 'blue', 'yellow', 'white', 'black')
()
```

通过上述代码可以看出，创建元组与创建列表的方法极其类似。

【小贴士】元组与列表除了是否可变这个重要区别之外，创建列表用的是中括号，而创建元组用的是小括号。

4.3.3　元组的常用操作

元组是不可变的，类似于对列表元素的增加、删除、修改等处理都不能直接作用在元组对象上，但元组也属于序列类型数据结构；因此，可以按索引对元组对象进行访问和切片操作。特别的，对于元组元素的提取，可以使用元组解包简化赋值操作。

1. 按索引访问元组

与按索引访问列表元素一样，也可以按索引访问元组元素。索引下标从 0 开始计。若传入的索引超出元组索引范围，会返回一个错误。

代码示例：

```
tuple1 = (1, 2, 3, 4, 5, 6, 7)
print(tuple1[0])
print(tuple1[10])
```

运行结果：

```
Traceback (most recent call last):
  File "C:/Users/zhao/PycharmProjects/untitled1/4-3-3.py", line 25, in
<module>
    print(tuple1[10])
IndexError: tuple index out of range
```

代码示例：

```
tuple1 = ('曹操', '孙权', '刘备')
tuple1[1] = '诸葛亮'
```

运行结果：

```
Traceback (most recent call last):
  File "C:/Users/zhao/PycharmProjects/untitled1/4-3-4.py", line 43, in
<module>
    tuple1[0] = '诸葛亮'
TypeError: 'tuple' object does not support item assignment
```

2．元组切片

与列表类似的，元组也有切片操作，并且切片无须考虑超出索引范围的问题。

程序 4-14：元组切片。

```
tuple1 = (1, 2, 3, 4, 5, 6, 7)
print(tuple1[2:4])          #提取元组的第三个和第四个元素
print(tuple1[3:])           #提取元组第四个元素之后的元素（含第四个元素）
print(tuple1[:5])           #提取元组的前五个元素
print(tuple1[:])            #提取元组的全部元素
print(tuple1[2:6:2])        #从元组第三个元素开始（含第三个元素）提取元素，步长为 2
print(tuple1[-2::-1])       #从元组的倒数第二个元素起，提取全部元素
```

运行结果：

```
(3, 4)
(4, 5, 6, 7)
(1, 2, 3, 4, 5)
(1, 2, 3, 4, 5, 6, 7)
(3, 5)
(6, 5, 4, 3, 2, 1)
```

3．元组解包

将元组中的各个元素赋值给多个不同变量的操作通常称为元组解包，语法格式如下：

```
obj_1,obj_2,…,obj_n = tuple
```

其中，obj_1,obj_2,…,obj_n 代表 n 个不同变量。

由于创建元组时可以省略圆括号，因此元组解包可以看成是多条赋值语句的集合。可见，Python 在赋值操作上的处理非常灵活，一句简单的元组解包代码就可以实现多条赋值语句的功能。

代码示例：

```
tuple1 = ('曹操', '孙权', '刘备')
x, y, z = tuple1
print(x, y, z)
```

运行结果:

曹操 孙权 刘备

4．元组常用方法和函数

相比列表，由于元组无法直接修改元素，所以元组的方法和函数相对较少，但仍然能对元组进行元素位置查询等操作。如表 4-5 所示，列出了一些常用的元组方法和函数。

表 4-5　元组常见操作

元组方法和函数	说　　明
tuple.count	记录某个元素在元组中出现的次数
tuple.index	获取元素在元组当中第 1 次出现的位置索引
sorted	创建对元素进行排序后的列表
len	获取元组长度，即元组元素个数
+	将两个元组合并为一个元组
*	重复合并同一个元组为一个更长的元组

程序 4-15：元组常用方法和函数使用。

```
tuple1 = ('曹操', '孙权', '刘备')
print(tuple1.count('曹操'))
print(tuple1 + tuple1)
print(tuple1 * 2)
print(tuple1.index('刘备'))
print(len(tuple1))
```

运行结果:

```
1
('曹操', '孙权', '刘备', '曹操', '孙权', '刘备')
('曹操', '孙权', '刘备', '曹操', '孙权', '刘备')
2
3
```

4.4　字　　典

很多时候，数据对应的元素之间的顺序是无关紧要的，因为各元素都具有特别的意义。例如，存储一些朋友的手机号码，此时用序列来存储数据并不是一个好的选择，Python 提供了一个很好的解决方案——使用字典数据类型。

在 Python 中，字典是属于映射类型的数据结构。字典包含以任意类型的数据结构作为元素的集合，同时各个元素都具有与之对应且唯一的键；字典主要通过键来访问对应的元素。字典与列表、元组有所不同，后者使用索引来对应元素，而字典的元素都拥有各自的键，每个键值对都可以看成是一个映射对应关系。此外，元素在字典中没有严格的顺序关系。由于字典是可变的，所以可以对字典对象进行元素的增、删、改、查等基本操作。

4.4.1　创建字典

字典中的每个元素都具有对应的键，元素就是键所对应的值，键与值共同构成一种映射关系，即键值对；每个键都可以映射到相应的值，就像学号可以映射到学生姓名一样。键和值的这种映射关系在 Python 中具体表示为 key:value，键和值之间用冒号隔开，这里称为键值对，字典中会包含多组键值对。注意，字典中的键必须使用不可变数据类型的对象，如数字、字符串、元组等，并且键是不允许重复的；而值则可以是任意类型的，且在字典中可以重复。

1. 使用花括号{}创建字典

只要将字典中的一系列键和值按键值对的格式（key:value，即键值）放入花括号{}中，并以逗号将各键值对隔开，即可实现创建字典，语法格式如下：

```
dict={ key_1: value_1, key_2: value_2,…, key_n: value_n}
```

其中，key 代表键；value 代表值。

若在花括号{}中不放入任何键值对，则会创建一个空字典。如果创建字典时重复传入相同的键，因为键在字典中不允许重复，所以字典最终会采用最后出现的重复键的键值对。

程序 4-16：直接创建字典。

```
dict1 = {'李明': '13044002901', '张三': '15900007654', '振轩': '18097653211'}
dict2 = {'李明': '13044002901', '张三': '15900007654', '张三': '15900007655'}
dict3 = {}
dict4 = {'id': 1, 'name': 'Jack', 'score': 98.50}
print(dict1)
print(dict2)
print(dict3)
print(dict4)
```

运行结果：

```
{'李明': '13044002901', '张三': '15900007654', '振轩': '18097653211'}
{'李明': '13044002901', '张三': '15900007655'}
{}
{'id': 1, 'name': 'Jack', 'score': 98.5}
```

2. 使用 dict()函数创建字典

创建字典的另一种方法就是使用 dict()函数。Python 中的 dict()函数的作用实质上主要是将包含双值子序列的序列对象转换为字典类型，其中各双值子序列中的第 1 个元素作为字典的键，第 2 个元素作为对应的值，即双值子序列中包含了键值对信息。所谓双值子序列，实际上就是只包含两个元素的序列，例如，只包含两个元素的列表['name','Lily']、元组('age',18)、仅包含两个字符的字符串'ab'等。将字典中的键和值组织成双值子序列，然后将这些双值子序列组成序列，例如，组成元组(['name','Lily']('age',18),'ab')，再传入 dict()函数中，即可转换为字典类型，得到字典对象。除了通过转换方式创建字典外，还可以直接向 dict()函数传入键和值进行创建，其中须通过"="将键和值隔开。注意，这种创建方式不允许键重复，否则会返回错误。

```
dict(key_1=value_1, key_2=value_2,…, key_n=value_n)
```

其中，key 代表键；value 代表值。

对 dict()函数不传入任何内容时，即可创建一个空字典，

程序 4-17：使用 dict()函数创建字典。

```
dict1 = dict([('李明', '13044002901')])
dict2 = dict()
dict3 = dict([('id', 1), ('name', 'Jack'), ('score', 98.50)])
dict4 = dict(id=1, name='Jack', score=98.50)
print(dict1)
print(dict2)
print(dict3)
print(dict4)
```

运行结果：

```
{'李明': '13044002901'}
{}
{'id': 1, 'name': 'Jack', 'score': 98.5}
{'id': 1, 'name': 'Jack', 'score': 98.5}
```

字典中可以包含各种数据类型对象，字典中的值都可以对应到有具体意义的键，字典是一种非常灵活和重要的数据结构。

3．使用 fromkeys()函数创建字典

fromkeys()函数可以用于创建一个新字典，其中以序列 seq 中元素做字典的键，value 为字典所有键对应的初始值。

语法格式如下：

```
dict.fromkeys(seq [ , value ])
```

其中，seq 表示字典键值列表，value 是可选参数，用于设置键序列 seq 的值。fromkeys() 函数返回一个新字典。这里的 fromkeys()函数也称为方法。

程序 4-18：使用 fromkeys()函数创建字典。

```
dict1 = {}
dict1 = dict1.fromkeys((1, 2, 3, 4))
print(dict1)
dict1 = dict1.fromkeys((1, 2, 3, 4), 'python')
print(dict1)
dict1 = dict1.fromkeys(range(10), '赞')
print(dict1)
```

运行结果：

```
{1: None, 2: None, 3: None, 4: None}
{1: 'python', 2: 'python', 3: 'python', 4: 'python'}
{0: '赞', 1: '赞', 2: '赞', 3: '赞', 4: '赞', 5: '赞', 6: '赞', 7: '赞', 8:
'赞', 9: '赞'}
```

4.4.2　访问字典元素

与序列类型不同，字典作为映射类型数据结构，并没有索引的概念，也没有切片操作等处理方法，字典中只有键和值对应起来的映射关系；因此，字典元素的提取主要是利用这种映射关系来实现的。通过在字典对象后紧跟方括号[]包括的键可以提取相应的值，具体使用格式为 dict[key]，即字典[键]。同时应注意，传入的键要存在于字典中，否则会返回一个错误。

代码示例：

```
dict1 = dict([('李明', '13044002901')])
print(dict1['李明'])
print(dict1['张三'])
```

运行结果：

```
Traceback (most recent call last):
  File "C:/Users/zhao/PycharmProjects/untitled1/4-4-3.py", line 76, in
<module>
    print(dict1['张三'])
KeyError: '张三'
13044002901
```

为避免出现上述传入键不存在而导致出错的现象，Python 提供了两种处理方法。

1. 使用 in 语句测试键是否存在

错误主要是因为传入的键不存在而导致的；因此，在传入键之前，尝试去检查字典中是否包含这个键；若不存在，则不进行提取操作。这种功能具体可以使用 in 语句来实现。

代码示例：

```
dict1 = dict([('李明', '13044002901')])
print('李明' in dict1)
print('张三' in dict1)
```

运行结果：

```
True
False
```

2. 字典方法 get()

字典方法 get()能够灵活地处理元素的提取，向 get()方法传入需要的键和一个代替值即可，无论键是否存在。若只传入值，当键存在于字典中时，方法会返回对应的值；当键不存在时，方法会返回 None。若传入值的同时也传入代替值，当键存在时，返回对应值；当键不存在时，返回这个传入的代替值，而不是 None。

代码示例：

```
dict1 = {'id': 1, 'name': 'Jack', 'score': 98.50}
print(dict1.get('id'))
print(dict1.get('sex'))
print(dict1.get('sex', 'male'))
print(dict1)
```

运行结果：

```
1
None
male
{'id': 1, 'name': 'Jack', 'score': 98.5}
```

4.4.3　字典常用的函数和方法

在 Python 的内置数据结构中，列表和字典是最为灵活的数据类型。与列表类似，字典也属于可变数据类型，字典具备丰富而且功能强大的方法和函数。下面介绍如何对字典元素进行增添、删除、修改和查询等最常用的处理；由于上述这些字典处理会直接作用在字典对象上，而且各种处理方式包含多种方法，为了能更好地展示各种方法的处理效果，本节将借助 copy() 方法演示，该方法的作用是复制字典内容并创建一个副本对象。

1. 增加字典元素

直接利用键访问赋值的方式，可以向字典中增添一个元素。若需要添加多个元素，或将两个字典内容合并，则可以使用 update() 方法。接下来将具体介绍这两种增加字典元素的方法。

（1）使用键访问赋值增加字典元素。

字典是 Python 中唯一的映射类型，字典不是序列。如果在序列中试图为一个不存在的位置赋值时，则会报错；但是，如果是在字典中，则自动创建相应的键并添加对应的值进去，语法格式如下：

```
dict_name[newkey]= new_value
```

代码示例：

```
province = dict(广东='广州', 辽宁='沈阳', 山东='济南', 新疆='乌鲁木齐')
province_copy = province.copy()
province_copy['吉林'] = '长春'
print(province_copy)
```

运行结果：

```
{'广东': '广州', '辽宁': '沈阳', '山东': '济南', '新疆': '乌鲁木齐', '吉林':
'长春'}
```

（2）使用 update()字典方法增加字典元素。

字典方法 update()能将两个字典中的键值对进行合并，传入字典中的键值对会复制添加到调用方法的字典对象中。若两个字典中存在相同键，传入字典中的键所对应的值会替换掉调用方法字典对象中的原有值，实现修改值的效果。

程序 4-19：使用字典保存各省的省会信息。

```
province = dict(广东='广州', 辽宁='沈阳', 山东='济南', 新疆='乌鲁木齐')
others = dict(湖北='武汉', 陕西='西安')
province.update(others)
print(province)
```

运行结果：

```
{'广东': '广州', '辽宁': '沈阳', '山东': '济南', '新疆': '乌鲁木齐', '湖北':
'武汉', '陕西': '西安'}
```

2. 删除字典元素

使用 del 语句可以删除字典的某个键值对。另外，也可以使用 pop()方法，只要传入键，函数就能将对应的值从字典中删除，不同的是必须传入参数。若需要清空字典内容，可以使用字典方法 clear()，结果返回空字典。

（1）使用 del 语句删除字典元素。

使用 del 语句删除元素的语法格式如下：

```
del dict_name[key]
```

其中，key 代表字典的键。

代码示例：

```
province = dict(广东='广州', 辽宁='沈阳', 山东='济南', 新疆='乌鲁木齐')
del province['山东']
print(province)
```

运行结果：

```
{'广东': '广州', '辽宁': '沈阳', '新疆': '乌鲁木齐'}
```

（2）使用 pop()方法删除字典元素。

向 pop()传入需要删除的键，则会返回对应的值，并在字典中移除相应的键值对。若将方法返回的结果赋值给变量，就相当于从字典中抽离了值。

代码示例：

```
province = dict(广东='广州', 辽宁='沈阳', 山东='济南', 新疆='乌鲁木齐')
province.pop('广东')
print(province)
```

运行结果：

```
{'辽宁': '沈阳', '山东': '济南', '新疆': '乌鲁木齐'}
```

（3）使用 clear()方法删除字典元素。

clear()方法会删除字典中的所有元素，最终会返回一个空字典。

代码示例：

```
province = dict(广东='广州', 辽宁='沈阳', 山东='济南', 新疆='乌鲁木齐')
print(province)
province.clear()
print(province)
```

运行结果：

```
{'广东': '广州', '辽宁': '沈阳', '山东': '济南', '新疆': '乌鲁木齐'}
{}
```

3．修改字典元素

为修改字典中的某个元素，同样可以使用键访问赋值来修改，语法格式如下：

```
dict_name[key]=new_value
```

赋值操作在字典中非常灵活，无论键是否存在于字典中，所赋予的新值都会覆盖或增加到字典中，这很大程度上方便了对字典对象的处理。

代码示例：

```
province = dict(广东='深圳', 辽宁='沈阳', 山东='济南', 新疆='乌鲁木齐')
print(province)
province['广东'] = '广州'
print(province)
```

运行结果：

```
{'广东': '深圳', '辽宁': '沈阳', '山东': '济南', '新疆': '乌鲁木齐'}
{'广东': '广州', '辽宁': '沈阳', '山东': '济南', '新疆': '乌鲁木齐'}
```

4．查询字典

在实际应用中，往往需要查询某个键或值是否在字典中，除了可以使用字典元素提取的方式进行查询外；还可以结合 Python 中的 in 进行判断。具体来说，有 3 种方法可以用于提取字典的键值信息。

（1）keys()方法：用于字典中的所有键。

（2）values()方法：用于获取字典中的所有值。

（3）items()方法：用于字典中的所有键值对。

这 3 种方法所返回的结果是字典中键、值或键值对的迭代形式，都可以通过 list()函数将返回结果转换为列表类型，同时可以配合 in 的使用，判断值和键值对是否存在于字典中。

程序 4-20：查询字典。

```
dict1 = {}
dict1 = dict1.fromkeys(range(10), '赞')
print(dict1.keys())
print(dict1.values())
print(dict1.items())
```

运行结果：

```
dict_keys([0, 1, 2, 3, 4, 5, 6, 7, 8, 9])
dict_values(['赞', '赞', '赞', '赞', '赞', '赞', '赞', '赞', '赞', '赞'])
dict_items([(0, '赞'), (1, '赞'), (2, '赞'), (3, '赞'), (4, '赞'), (5, '赞'),
(6, '赞'), (7, '赞'), (8, '赞'), (9, '赞')])
```

以上便是字典所常用处理方法，具体实现了字典元素的增、删、改、查等重要操作。这里所介绍的字典方法和函数可以实现对字典的一些简单处理。如果需要对字典进行更复杂、更高级的处理，就需要将这些方法进行灵活组合运用。例如，利用值来查询所有与之对应的键。

4.5　集　　合

Python 中的集合类型数据结构是将各不相同的不可变数据对象无序地集中起来的容器，就像是将值抽离，仅存在键的字典。类似于字典中的键，集合中的元素都是不可重复的，并且可以是不可变类型，元素之间没有排列顺序。集合的这些特性，使得它独立于序列和映射类型之外，Python 中的集合类型就相当于数学集合论中所定义的集合，可以对集合对象进行数学集合运算（并集、交集、差集等）。

4.5.1　创建集合

若按数据结构对象是否可变来分，集合类型数据结构包括可变集合与不可变集合。

1. 可变集合

可变集合对象是可变的，可对其进行元素的增添、删除等处理，处理结果直接作用在对象上。使用花括号{}可以创建可变集合，这里与创建字典不同，传入的不是键值对，而是集合元素；注意，传入的元素对象必须是不可变的，即不能传入列表、字典甚至可变集合等。另外，可变集合的 set()函数能够将数据结构对象转换为可变集合类型，即将数据存储为一个列表或元组，再使用 set()函数转换为可变集合。在创建时，无须担心传入的元素是否重复，因为结果会将重复元素删除。若需要创建空集合，只能使用 set()函数且不传入任何参数进行创建。

程序 4-21：创建集合。

```
set1 = {}
set2 = {'London', 'Paris', 'beijing', 'Rome', 'hongkong', 'Paris'}
set3 = set([1, 'Mary', 99.50, False])
print(set1)
print(set2)
print(set3)
```

运行结果：

```
{}
{'beijing', 'hongkong', 'Rome', 'London', 'Paris'}
{False, 1, 99.5, 'Mary'}
```

2．不可变集合

不可变集合对象属于不可变数据类型，不能对其中的元素进行修改处理。创建不可变集合的方法是使用 frozenset()函数。它与 set()函数用法一样，不同在于得到一个不可变集合。注意，元素必须为不可变数据类型。使用不可变集合时，当 frozenset()函数不传入任何参数时，则会创建一个空不可变集合。

程序 4-22：创建不可变集合。

```
set1 = frozenset()
set2 = frozenset([1, 2, 3, 4])
print(set1)
print(set2)
set1.add('A')
```

运行结果：

```
frozenset()
frozenset({1, 2, 3, 4})
Traceback (most recent call last):
  File "C:/Users/zhao/PycharmProjects/untitled1/天天.py", line 157, in
<module>
    set1.add('A')
AttributeError: 'frozenset' object has no attribute 'add'
```

4.5.2　集合运算

集合是由互不相同的元素对象所构成的无序整体。集合包含多种运算，这些集合运算会获得满足某些条件的元素集合。常用的集合运算包括并集、交集、差集、异或集等。当需要获得两个集合之间的并集、交集、差集等元素集合时，这些集合运算能够获取集合之间的某些特殊信息。例如，学生 A 喜欢的体育运动的集合为{'足球'，'游泳'，'羽毛球'，'乒乓球'}；而学生 B 喜欢的集合为{'篮球'，'乒乓球'，'羽毛球'，'排球'｝，要获取两个学生都喜欢的体育运动，或者除了学生 B 喜欢的运动项目外，还有哪些是 A 喜欢的，就可以通过集合运算来实现。

（1）在 Python 中可以使用符号"|"或者集合方法 union()来获得两个集合的并集。

（2）利用符号"&"或者集合方法 Intersection()可以获取两个集合对象的交集。

（3）在 Python 中可以简单地使用减号"-"来得到相应的差集，或者通过集合方法 difference()来获得相应的差集。

（4）利用符号"^"或者集合方法 symmetric_difference()，即可求出两个集合对象的异或集。

程序 4-23：集合运算。

```
set1 = {'Java', 'C', 'Python'}
set2 = {'Java', 'C', 'VB', 'JS', 'C#'}
set3 = set1 | set2
set4 = set1 - set2
set5 = set1 & set2
set6 = set1 ^ set2
print(set3)
print(set4)
print(set5)
print(set6)
```

运行结果：

```
{'Java', 'Python', 'VB', 'JS', 'C', 'C#'}
{'Python'}
{'C', 'Java'}
{'VB', 'JS', 'Python', 'C#'}
```

除上述基本集合运算外，集合之间的关系也是非常重要的。两个集合之间通常存在子集、真子集、超集、真超集等关系，它们揭示了集合之间的包含关系。在 Python 中实现这些集合关系所用的函数和符号，如表 4-6 所示。

表 4-6　集合关系常用函数和符号

集合关系函数和符号	函 数 说 明
<=或 isubset()	判断一个集合是否为另一个集合的子集，即判断是否有 A( )B 的关系。如果是，则集合 A 中所有元素都是集合 B 中的元素
<	判断一个集合是否为另一个集合的真子集，即判断是否有 A( )B 的关系。如果是，则集合 B 中除了包含集合 A 中的所有元素，还包括 A 中没有的其他元素
>=或 issuperset()	判断一个集合是否为另一个集合的超集，即判断是否有 A( )B 的关系。如果是，则集合 A 包含了 B 中所有元素
>	判断一个集合是否为另一个集合的真超集，即判断是否有 A( )B 的关系。如果是，则集合 A 包含了 B 中的所有元素，也包含了 B 中没有的其他元素

4.5.3　集合常用函数和方法

集合类型数据结构分为可变集合与不可变集合两种，与其他可变类型数据对象一样，对于可变集合对象，也可以进行元素的增添、删除、查询等处理，相关常用方法和函数，如表 4-7 所示。

表 4-7　可变集合常用方法和函数

可变集合方法和函数	说　　明
set.add()	向可变集合中增添一个元素
set.update()	向可变集合增添其他集合的元素，即合并两个集合
set.pop()	删除可变集合中的一个元素，当集合对象是空集时，则返回错误
set.remove()	删除可变集合中指定的一个元素
set.clear()	清空可变集合中的所有元素，返回空集
in	使用 Python 中的 in 语句可以查询元素是否存在于集合中
len()	获取集合中元素的个数
set.copy()	复制可变集合的内容并创建一个副本对象

程序 4-24： 删除集合中的元素。

```python
set1 = {'Java', 'C', 'Python'}
set2 = set1.copy()
set2.pop()                #随机删除一个元素
print(set2)

set3 = set1.copy()
set3.remove('C')
print(set3)
print('C#' in set3)
```

运行结果：

```
{'C', 'Java'}
{'Python', 'Java'}
False
```

4.6　拓　展　实　践

4.6.1　皮具保养小贴士

输出十大国产皮具品牌，输出皮革的材料分类，输出皮具保养每日一贴。

程序 4-25： 皮具保养小贴士。

```
import datetime

leather_brands = ['金利来', '七匹狼', '红谷', '迪桑娜', '菲安妮', '沙驰', '啄木
鸟', '金猴', '奥康', '维纳斯']
print("知名国产皮具品牌: ")
for i in leather_brands:
    print(i, end=" ")
print("\n")

leather_materials = ['真皮', '再生皮', '人造革', '合成革']
print("皮革的分类: ")
for i in leather_materials:
    print(i, end=" ")
print("\n")

#定义列表 tip，保存皮具保养小贴士
tip = ["今天星期一: \n 避免让皮袋与硬物发生碰撞、摩擦，以免将表面刮花、划破。",
"今天星期二: \n 皮袋避免放过重的东西，以免起皱、变形。",
"今天星期三: \n 平常使用后，用海绵或软布擦去灰尘。",
"今天星期四: \n 定期使用同色系的鞋膏擦拭皮袋。",
"今天星期五: \n 给皮具上鞋膏时，应先涂于软布或海绵。",
"今天星期六: \n 若皮袋弄湿了，应以干布吸干皮袋的水分，然后放在阴凉处。",
"今天星期日: \n 清洁皮袋切忌用水洗和接触化学溶剂。"]

#获取当前星期
day = datetime.datetime.now().weekday()
#输出每日贴士
print(tip[day])
```

运行结果举例：

```
知名国产皮具品牌:
金利来 七匹狼 红谷 迪桑娜 菲安妮 沙驰 啄木鸟 金猴 奥康 维纳斯

皮革的分类:
真皮 再生皮 人造革 合成革

今天星期一:
避免让皮袋与硬物发生碰撞、摩擦，以免将表面刮花、划破。
```

4.6.2　日期判断

输入某年某月某日，判断这一天是这一年的第几天？
思路 1: 用元组实现。
程序 4-26: 用元组实现日期判断。

```
date_str = input('请输入年月日(例 2020.03.15):')
year, month, day = date_str.split('.')
```

```
year = int(year)
month = int(month)
day = int(day)


#用元组保存各个月份的天数
days_per_month = (31, 28, 31, 30, 31, 30, 31, 31, 30, 31, 30, 31)
#计算之前月份天数总和，再加上当前月份天数，累计到 days
days = sum(days_per_month[: month - 1]) + day


#判断闰年
if (year % 400 == 0) or ((year % 4 == 0) and (year % 100 != 0)):
    if month > 2:
        days += 1


print('{}是{}年的第{}天。'.format(date_str, year, days))
```

运行结果举例：

```
请输入年月日(例 2020.03.15):2020.10.01
2020.10.01 是 2020 年的第 275 天。
```

分析：创建一个元组 days_per_month，元组长度为 12，依次保存 1 月至 12 月的天数。使用内置函数 sum()进行元组分片求和，再加上当前月份的天数。如 2020 年 10 月 1 日，先用 sum 求出 1~9 月的总天数，再加上 10 月当前天数 1。最后判断年份是否为闰年，如果是闰年，2 月的天数 29，给总天数变量 days 额外加 1 天。

思路 2：用列表实现。

程序 4-27：用列表实现日期判断。

```
date_str = input('请输入年月日(例 2020.03.15):')
year, month, day = date_str.split('.')
year = int(year)
month = int(month)
day = int(day)



#用列表保存各个月份的天数
days_per_month = [31, 28, 31, 30, 31, 30, 31, 31, 30, 31, 30, 31]

#判断闰年
if (year % 400 == 0) or ((year % 4 == 0) and (year % 100 != 0)):
    if month > 2:
        days_per_month[1] = 29

#计算之前月份天数总和，再加上当前月份天数，累计到 days
days = sum(days_per_month[: month - 1]) + day

print('{}是{}年的第{}天。'.format(date_str, year, days))
```

运行结果举例：

请输入年月日 (例 2020.03.15)：2020.10.01
2020.10.01 是 2020 年的第 275 天。

　　分析：创建一个列表 days_per_month，列表长度为 12，依次保存 1 月至 12 月的天数。然后判断年份是否为闰年，如果是闰年，修改列表第 2 项，将 2 月份天数修改为 29。最后使用内置函数 sum() 进行元组分片求和，再加上当前月份的天数，如 2020 年 10 月 1 日，先用 sum 求出 1～9 月的总天数，再加上 10 月当前天数 1。
　　思路 3：用集合实现。
　　程序 4-28：用集合实现日期判断。

```python
date_str = input('请输入年月日(例2020.03.15):')
year, month, day = date_str.split('.')
year = int(year)
month = int(month)
day = int(day)

#包含30天的月份集合
month_30 = {4, 6, 9, 11}
#包含31天的月份集合
month_31 = {1, 3, 5, 7, 8, 10, 12}

#初始化值
days = 0
days += day

for i in range(1, month):
    if i in month_30:
        days += 30
    elif i in month_31:
        days += 31
    else:
        days += 28

#判断闰年
if (year % 400 == 0) or ((year % 4 == 0) and (year % 100 != 0)):
    if month > 2:
        days += 1

print('{}是{}年的第{}天。'.format(date_str, year, days))
```

运行结果举例：

请输入年月日 (例 2020.03.15)：2020.10.01
2020.10.01 是 2020 年的第 275 天。

　　分析：创建两个集合，month_30 表示包含 30 天的月份集合，month_31 表示包含 31 天的月份集合。days 变量保存总天数，先累计当前月份天数，再通过 for 循环，累计前面月份的天数。如 2020 年 10 月 1 日，for 循环执行 9 次，每次判断当前月份是 30 天月份还是 31 天月份，进行天数累计。最后判断年份是否为闰年；如果是闰年，days 需额外再加 1 天。

思路 4：用字典实现。

程序 4-29：用字典实现日期判断。

```
date_str = input('请输入年月日(例 2020.03.15):')
year, month, day = date_str.split('.')
year = int(year)
month = int(month)
day = int(day)

#月份-天数 字典
month_dict = {1: 31,
              2: 28,
              3: 31,
              4: 30,
              5: 31,
              6: 30,
              7: 31,
              8: 31,
              9: 30,
              10: 31,
              11: 30,
              12: 31}

#初始化值
days = 0
days += day

for i in range(1, month):
    days += month_dict[i]

#判断闰年
if (year % 400 == 0) or ((year % 4 == 0) and (year % 100 != 0)):
    if month > 2:
        days += 1

print('{}是{}年的第{}天。'.format(date_str, year, days))
```

运行结果举例：

```
请输入年月日(例 2020.03.15):2020.10.01
2020.10.01 是 2020 年的第 275 天。
```

分析：创建字典 month_dict，保存月份及对应的天数。days 变量保存总天数，先累计当前月份天数，再通过 for 循环，累计前面月份的天数，如 2020 年 10 月 1 日，for 循环执行 9 次，依次从字典中取出 1 月至 9 月的天数，进行天数累计。最后判断年份是否为闰年，如果是闰年，days 需额外再加 1 天。

本 章 小 结

在 Python 中，数据结构主要有列表、元组、集合、字典和字符串，这些数据结构中有一些操作是通用的。例如 in 关键字的使用，可以使用 in 来检查某个元素是否包含其中；再比如，计算长度、最大值和最小值都可以使用 len()、max()、min()这些函数实现。除了集合和字典外，列表等序列结构都支持索引切片等操作。

通过本章的介绍，希望读者能够清楚地了解 Python 组合数据类型各自的特点。列表可变、可重复、有序；元组不可变、可重复、有序；字典可变、可重复、无序；集合不可重复、无序。在后续的开发实践中，读者不妨灵活运用。

习　　题

一、填空题

1．列表、元组、字符串是 Python 的_____序列。

2．list(map(str, [1, 2, 3]))的执行结果为_____。

3．列表对象的 sort()方法用来对列表元素进行原地排序，该函数返回值为_____。

4．假设列表对象 aList 的值为[3, 4, 5, 6, 7, 9, 11, 13, 15, 17]，那么切片 aList[3:7]得到的值是_____。

5．使用列表推导式生成包含 10 个数字 5 的列表，语句可以写为_____。

6．已知 x = (3,)，那么表达式 x * 3 的值为_____。

7．表达式(1, 2, 3)+(4, 5)的值为_____。

8．字典中多个元素之间使用_____分隔开，每个元素的"键"与"值"之间使用_____分隔开。

9．字典对象的方法_____可以获取指定"键"对应的"值"，并且可以在指定"键"不存在的时候返回指定值，如果不指定则返回 None。

10．关键字_____用于测试一个对象是否是一个可迭代对象的元素。

11．已知 x = [1, 2, 3, 4, 5]，那么执行语句 del x[:3]之后，x 的值为_____。

二、判断题

1．列表对象的 append()方法属于原地操作，用于在列表尾部追加一个元素。（　　）

2．使用 Python 列表的方法 insert()为列表插入元素时会改变列表中插入位置之后元素的索引。（　　）

3．假设 x 为列表对象，那么 x.pop()和 x.pop(-1)的作用是一样的。（　　）

4．使用 del 命令或者列表对象的 remove()方法删除列表中元素时会影响列表中部分元

素的索引。（　　　）

5．Python 列表、元组、字符串都属于有序序列。（　　　）

6．元组是不可变的，不支持列表对象的 inset()、remove()等方法，也不支持 del 命令删除其中的元素，但可以使用 del 命令删除整个元组对象。（　　　）

7．字符串属于 Python 有序序列，和列表、元组一样都支持双向索引。（　　　）

8．只能对列表进行切片操作，不能对元组和字符串进行切片操作。（　　　）

9．列表可以作为字典的"键"。（　　　）

10．元组可以作为字典的"键"。（　　　）

三、选择题

1．列表的常用操作不包括（　　　）。

A．创建列表　　　　　　　　　　　　B．访问列表元素

C．列表元素的添加和删除　　　　　　D．列表元素去重

2．假设列表 L=['Baidu', 'Jingdong', 'Taobao', 'dangdang']，L[2]为（　　　）。

A．'Baidu'　　　　B．'Jingdong'　　　　C．'Taobao'　　　　D．4

3．下列创建元组的方法，错误的是（　　　）。

A．(1, 2, 3, 4)　　　　　　　　　　　B．('Alice', 'Mike', 'Tony')

C．'good',　　　　　　　　　　　　　D．(5)

4．已知字典 dict1 = {'id': 1001, 'name': 'Jack', 'score': 98.50}，下列说法错误的是（　　　）。

A．dict1.get('id')返回 1001　　　　　　B．'name' in dict1 返回 True

C．删除字典 dict1 中的键值对可以使用 del　　D．clear()方法会删除字典对象

5．下列关于集合的说法中，错误的是（　　　）。

A．按数据结构对象是否可变来分，集合类型数据结构包括可变集合与不可变集合

B．常用的集合运算包括并集、交集、差集、异或集等

C．创建不可变集合的方法是使用 frozen()函数

D．获取集合中元素的个数可以使用 len()函数

四、简答题

1．集合有什么特点？

2．简述列表和元组的区别。

五、编程题

1．设计一个字典，并编写程序，用户输入内容作为键，然后输出字典中对应的值，如果用户输入的键不存在，则输出"您输入的键不存在！"

2．编写程序，生成包含 1000 个 0～100 的随机整数，并统计每个元素的出现次数。（提示：使用集合。）

第 5 章 函　　数

学习目标

❑ 了解函数思维。
❑ 掌握函数的定义与调用。
❑ 理解并掌握函数的参数传递。
❑ 理解变量的作用域。
❑ 掌握匿名函数的声明和调用。
❑ 了解函数递归。

任务导入

场景 1: 每一个有追求的开发者都希望自己的代码是完美无瑕的，尽管世界上并不存在完美这件事。所谓完美的程序一般指没有冗余的代码，冗余也就是多余。删去程序中冗余的代码，程序仍然能够准确执行既定的任务，奉行完美主义的开发者都有降低代码冗余度的倾向。函数可以帮助开发者实现代码的封装和重用，降低代码冗余度。

程序设计中有一个概念，叫作代码冗余度。代码冗余度是指在程序中包含了大量完全相同或相近的代码，一旦这些代码要修改，就需要同时修改程序中的多个地方，一不小心就会出现错误，而且费时费力。在程序中，这种情况越多，就说明代码冗余度越大。当然，程序的冗余度越小越好。

场景 2: Python 是一个开源的软件，读者是否阅读过 Python 的源代码？真实的软件项目，能够实际在行业中应用的软件系统，通常都达到了一定的代码量，远远超过了教材为了讲解语法所设计的小小实例，本教材前面章节所涉及的示例代码最多不超过区区几十行。既然软件项目这么复杂，实际代码量这么多，那么把全部代码都写入一个 Python 的源文件显然是可笑的。Python 中使用函数封装了一定的代码，这段代码具有相对独立功能，整个程序可以由多个函数组成。

到目前为止，本书所有写过的程序都很小，没有超过 100 行的代码。对于真实的软件开发项目来说，软件项目全部的代码量远远大得多。把全部的代码放入一个 Python 文件中是不适宜的。从代码重用的角度，如果想重复执行某段代码或重用某段代码，就要用到函数。

5.1　函数定义与调用

函数是组织好的、可重复使用的，用来实现单一或相关功能的代码段。也可以反过来理解，从本质上说，函数就是将一段代码封装起来，然后可以被其他 Python 程序所重用。

这段被函数封装起来的代码，并不会自动执行，只有函数被调用时，才会执行。前面的章节中，已经多次使用过一些 Python 内置函数，如 print()函数、type()函数、range()函数等。作为内置函数，开发者主要作为函数调用者使用它们。当然，也可以自己创建函数，这样的函数称为用户自定义函数。编程时，使用函数可以将实现某个功能的整块代码从代码中隔离开来，可以避免程序中出现大段重复代码。同时，维护时也只需要对函数内部进行修改即可，而不用去一一修改大量代码。

总之，使用函数的好处很多，主要有如下 4 点。

（1）将一组 Python 语句包装成代码块，命名成为函数，有利于阅读代码，阅读小段代码相对容易。

（2）定义函数可以减少重复代码的使用，使得程序总的代码行数更少，一旦修改代码只需要少量修改。

（3）将一段很长的代码拆分成几个函数后，可以对每一个函数进行单独调试，单个函数调试通过后，再将它们组合起来形成一个完整的软件产品。

（4）一个设计良好的函数可以在很多程序中复用，不需要重复编写和测试。

5.1.1　函数定义

定义函数包含两个部分：函数头和函数体。函数头使用关键字 def，其后紧接着自定义函数名，函数名与变量名一样，需要遵循 Python 中变量名的命名约定。函数名后是形式参数列表，需要用小括号括起来，形式参数简称形参，形参并不一定都存在。如果没有形参，小括号也要保留。函数头以冒号结束。函数体另起一行，函数体的缩进为 4 个空格或者一个制表符。函数体处理一些数据，函数可以有返回值，返回一个或一组值。函数返回值需要用到 return 关键字，返回值不是必需的。

函数定义的语法格式如下：

```
def  <函数名>  (  [形式参数列表]  ) :
    <执行语句>
    [return 返回值]
```

定义函数时需要注意的细节如下。

（1）不需要说明形参类型，Python 解释器会根据实参的值自动推断形参类型。

（2）不需要指定函数返回值类型，由函数中 return 语句返回的值来确定。

（3）即使函数不需要接收任何参数，也必须保留一对空的圆括号。

（4）函数头后面的冒号必不可少。

（5）函数体包含执行语句，函数可以有返回值。

代码示例：

```
def func(x, y):
    return x+y
```

这个函数的名称为 func()，有两个形式参数 x 和 y，返回值是 x、y 相加的算术和。Python

的简洁性可以从函数中体现出来，与 Java 等语言不同，Python 的参数不需要声明数据类型。但这也有一定的弊端，程序人员可能会因不清楚参数的数据类型而输入错误的参数。例如，若执行 func(5.0,'hello')，就会报错。所以遵循良好的编程规范很重要，一般在函数的开头以注释的形式注明函数的用途、输入和输出。

【小贴士】编程时，良好的编程规范表明了开发者具备良好的职业素养。

5.1.2　函数调用

函数定义只是封装了函数的功能代码，这些代码不会自动执行。何时执行呢？当函数调用发生时，才会执行函数体里面的代码。也就是说，函数不调用不执行；多次调用，多次执行。函数不会乱来，制造惊喜或者惊吓。

函数调用的语法格式如下：

函数名（ [实际参数列表]）

函数调用时传入的参数称为实际参数，简称实参。实参可以有一个或多个。如果函数没有参数，那么函数调用时，小括号也要保留。

代码示例：

```
def func(x, y):
    return x+y

print(func(1, 2))
```

运行结果：

```
3
```

【小贴士】函数调用时，实参传递给形参，实参和形参一定要分清。

有了函数之后，需要深刻理解函数的执行流程，从而确保理解整个程序的执行结果。

函数的执行流程如下。

首先需要先定义函数，再调用函数执行。

程序的执行总是从主程序主入口处的第一行代码开始，从上到下、从左到右，按顺序依次执行每一条语句。

当主程序遇到函数调用时，跳转到函数定义处，执行函数体里面的代码。也就是说，函数定义并不影响程序的执行流程。函数体代码块中的语句不会自动执行，等函数被主程序调用时才执行，不调用不执行。

主程序遇到函数调用时，暂停执行主程序的下一条语句，而是跳到函数体的第一行，等执行完函数体代码块中的所有语句后，再跳回主程序原来离开的地方。继续执行主程序后面的语句。

看起来函数调用比较简单，实际情况往往更复杂些；函数体代码块中又可能调用其他函数；依次类推，其他函数执行时，又可能再发生函数调用，函数的连环调用可以有若干次。别担心，Python 对于程序运行到哪里有良好的记忆机制，在每个函数执行结束后，程序都能准确跳回到它离开的地方，直到执行到主程序的结尾整个程序才会结束。函数调用关系图，如图 5-1 所示。

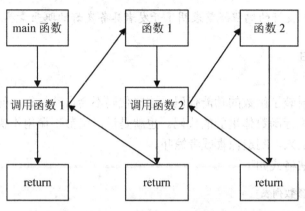

图 5-1　函数调用关系图

【小贴士】阅读代码时，不一定要按照书写顺序逐行阅读。如果按照程序执行的流程来读，反而更好理解代码的含义。

　　return 语句不是函数体必需的。也就是说，并不是所有的函数都有返回值。有一些函数只需要在内部作处理，如果要输出，直接通过 print()函数输出信息。如果自定义函数没有返回值，那么函数体内将不出现 return 语句，或者使用 return 语句，但 return 后面什么也不跟，没有表达式。

　　程序 5-1：自定义函数，实现 3 个数字的从小到大排序。

```python
def func(a, b, c):
    if a > b:
        a, b = b, a
    if a > c:
        a, c = c, a
    if b > c:
        b, c = c, b

    print(a, b, c)

a = int(input("请输入第一个数："))
b = int(input("请输入第二个数："))
c = int(input("请输入第三个数："))
func(a, b, c)
```

运行结果：

```
请输入第一个数：5
请输入第二个数：9
```

请输入第三个数：0
0 5 9

5.2　参　数　传　递

Python 中的函数参数主要有以下 4 种。

（1）位置参数，调用函数时，根据函数定义时的形参位置，一一将实参传递给形参。

（2）默认参数，定义函数时为参数提供默认值，调用函数时，有默认值的实参可传可不传。如果没有实参，按默认值执行。

（3）关键字参数，通过"键-值"对形式指定参数，使得函数的定义更加清晰，容易使用，同时也取消了参数的顺序要求。

（4）可变参数，定义函数时，有时候不确定调用时会传递多少个参数。此时，可用定义任意位置参数或者关键字参数的方法来进行参数传递，会显得非常方便。

【小贴士】所有的位置参数必须出现在默认参数前，包括函数定义和调用。

5.2.1　位置参数

位置参数是函数调用最常见的方式。函数的实际参数（即实参）严格按照函数定义时形式参数的位置传入，实参与形参数量相同，顺序也严格一致，实参与形参一一对应。各个实参的位置不可以调换，否则会影响输出结果或者直接报错。

如下述代码所示，func 函数定义时形参有两个，即 x 和 y。函数调用时实参有 3 个，即 1、2 和 3，实参和形参没有一一匹配，这将导致程序运行出错。

代码示例：

```
def func(x, y):
    return x+y

print(func(1, 2, 3))
```

运行结果：

```
Traceback (most recent call last):
  File "E:/python workspace/Python 高级应用/Python 自编教材第 5 章函数.py", line
20, in <module>
    print(func(1, 2, 3))
TypeError: func() takes 2 positional arguments but 3 were given
```

再如 Python 的内置函数 range()，查看帮助文档可知，range()函数定义时有 3 个参数，即 start（起始位置）、stop（结束位置）、step（步长）。下述代码中，调用 range()函数时，传入 3 个实参，一一匹配了对应的形参。第一个实参 0 代表起始位置从头开始，第二个实参 10 代表结束位置，注意此区间为左闭右开。第三个参数代表步长，如为 2 代表步长为 2。

代码示例：

```
print(list(range(0, 10, 2)))
print(list(range(0, 10, 0)))
```

运行结果：

```
[0, 2, 4, 6, 8]
Traceback (most recent call last):
  File "E:/python workspace/Python 高级应用/Python 自编教材第 5 章函数.py", line
10, in <module>
    print(list(range(0,10,0)))
ValueError: range() arg 3 must not be zero
```

5.2.2　默认参数

函数定义时，如果函数的形参设置了默认值，那么函数调用时可以不传入实参，直接使用默认的参数值执行。默认参数的例子很多，在调用 Python 内建函数时，经常会发现很多函数提供了默认参数。默认参数为开发者提供了极大的便利，特别对于初接触该函数的人来说使用更加便利。同时，默认参数为设置函数的参数值提供了有意义的参考。

带默认参数的函数定义语法如下：

```
def 函数名 ( ...,形参名=默认值 ):
    函数体
```

如下述代码，func 函数定义时形参设置了默认值，如函数调用时不指定实参，将按默认值执行。

代码示例：

```
def func(x=1, y=2):
    return x+y

print(func())
```

运行结果：

```
3
```

再如，调用内置函数 range()，可以不指定起始位置和步长，按默认值执行，效果如下。

代码示例：

```
print(list(range(0, 10, 1)))
print(list(range(10)))
```

运行结果：

```
[0, 1, 2, 3, 4, 5, 6, 7, 8, 9]
[0, 1, 2, 3, 4, 5, 6, 7, 8, 9]
```

5.2.3　关键字参数

除了可以依据位置参数对函数进行调用外，还可以使用关键字参数进行函数调用。使用关键字参数时，可以不严格按照位置传参，Python 解释器会自动按照关键字进行参数匹配。如下述代码所示，func()函数函数调用时按形参名字传递实参值，明确指定第一个实参20 传递给形参 y，第二个实参 10 传递给形参 x，实参的顺序和形参顺序不一致，但不影响程序的正常执行。可见，使用关键字参数，无须记忆参数位置和顺序，使得函数调用和参数传递更加灵活便利。

代码示例：

```
def func(x=1, y=2):
    return x+y

print(func(y=20, x=10))
```

运行结果：

```
30
```

【小贴士】关键字参数也可以与位置参数混用，但关键字参数必须跟在位置参数后面，否则
　　　　会报错。

5.2.4　可变长度参数

前面的 3 种参数传递方式中，定义函数时都需要指定参数的个数，也就是说，参数的数量是固定的。如果定义函数时无法得知参数个数，这时就要用到可变长度参数。在 Python中，使用*args 和** kwargs 可以定义可变参数。

可变长度参数的语法格式如下：

```
def 函数名 ([formal_args,] *args, **kwargs ):
    函数体
```

其中，formal_args 为传统意义上的参数；*args 和**kwargs 为可变长度参数。调用函数时传入的实参会优先匹配 formal_args 参数。如果传入的实参与 formal_args 参数的个数相同，则可变参数为空。如果传入的实参个数比 formal_args 参数的个数多，则又分为以下两种情况。

1. 元组类型可变长度参数传递

args 接收多个位置实参，并将其放在一个元组中。在定义任意数量的位置参数时，需要一个星号前缀（）来表示。在传递实参时，可以在原有的参数后面添加 0 个或多个参数，这些参数将会被放在元组内并传入函数。任意数量的位置参数必须定义在位置参数或关键字参数之后。

2. 字典类型可变长度参数传递

kwargs 接收多个关键字参数，并将其放入字典中。在定义任意数量的关键字可变参数时，参数名称前面需要有两个星号（）作为前缀。在传递的时候，可以在原有的参数后面添加任意数量的关键字可变参数。带两个星号前缀的参数必须在所有带默认值的参数之后，顺序不可以调转。

程序 5-2： 元组类型可变长参数传递。

```python
def func(no, name, *course):
    print("学号: ", no)
    print("姓名: ", name)
    print("修读过的课程有: ", course)


func('18DS01001', '敏仪', 'Java 程序设计', 'Linux 操作系统', '计算机网络')
```

运行结果：

```
学号: 18DS01001
姓名: 敏仪
修读过的课程有: ('Java 程序设计', 'Linux 操作系统', '计算机网络')
```

程序 5-3： 字典类型可变长参数传递。

```python
def func(no, name, **score):
    print("学号: ", no)
    print("姓名: ", name)

    for i in score.items():
        print(i)


func('18DS01001', '敏仪', Java 程序设计=98, Linux 操作系统=88, 计算机网络=76)
```

运行结果：

```
学号: 18DS01001
姓名: 敏仪
('Java 程序设计', 98)
('Linux 操作系统', 88)
('计算机网络', 76)
```

【小贴士】 可变参数永远放在参数序列的最后。

5.2.5 序列作函数参数

函数的参数可以是任何数据类型，序列当然可以，如列表、元组等类型。在实际开发中，序列整体作为一个参数传入函数很常见。能否将序列拆开，将序列中的每个元素单独作为函数的参数值呢？答案是 Python 可以做得到。

程序 5-4： 序列作函数参数。

```python
def func(str1, str2):
    print(str1, str2)

func('好好学习', '天天向上')
list1 = ['好好学习', '天天向上']
func(*list1)
```

运行结果：

```
好好学习 天天向上
好好学习 天天向上
```

上述代码中，将列表 list1 中的元素作为单个参数值传递给 func()函数，在实参前面加（*）即可实现。

如果使用可变参数，也可以通过列表、元组、字典参数传值。

程序 5-5： 可变参数。

```python
def print_sequence(*str):
    for s in str:
        print("<{}>".format(s), end=' ')
    print()


def print_dict(**dict):
    for item in dict.items():
        print("{}:{}".format(item[0], item[1]))
    print()


str = "All roads lead to Rome"
list = ['All', 'roads', 'lead', 'to', 'Rome']
tuple = ('All', 'roads', 'lead', 'to', 'Rome')
print_sequence(*"All roads lead to Rome")
print_sequence(*str)
print_sequence(*list)
print_sequence(*tuple)

dict = {'name': 'Jack', 'no':'10DS01B01', 'score':98}
print_dict(**dict)
print_dict(**{'name': 'Jack', 'no':'10DS01B01', 'score':98})
```

运行结果：

```
<A><l><l><><r><o><a><d><s><><l><e><a><d><><t><o><><R><o><m><e>
<A><l><l><><r><o><a><d><s><><l><e><a><d><><t><o><><R><o><m><e>
<All><roads><lead><to><Rome>
```

```
<All><roads><lead><to><Rome>
name:Jack
no:10DS01B01
score:98

name:Jack
no:10DS01B01
score:98
```

在传递参数时，字典和列表、元组的区别是，字典前面需要加两个星号，而列表、元组前面只需要加 1 个星号。定义函数和调用函数都是如此。

5.3 变量作用域

Python 创建、改变或查找变量名都是在命名空间中进行的，更准确地说，是在特定的作用域下进行的。所以需要使用某个变量名时，应清楚地知道其作用域。作用域即变量起作用的代码范围。由于 Python 不声明变量，所以变量第一次被赋值的时候即与一个特定作用域绑定了。一般来说，定义在函数内部的变量拥有一个局部作用域，定义在函数外部的变量拥有全局作用域。

细分之下，Python 变量的作用域有如下 4 种。

（1）Local（简称 L）：局部作用域，例如函数内定义的变量。

（2）Enclosing（简称 E）：闭包函数外的函数中，或嵌套函数中父级函数的局部作用域变量。

（3）Global（简称 G）：全局作用域，模块级别定义的全局变量。

（4）Built-in（简称 B）：内建作用域，内置模块中的变量。

作用域的优先级由近及远，即 L>E>G>B。程序访问变量时，先查找局部作用域 L；若找不到再查找作用域 E；若仍无法找到再查找全局作用域 G；最后若还是找不到，再查找内建作用域 B。

5.3.1 局部变量

在定义函数时，往往需要在函数内部对变量进行定义和赋值，在函数体内定义的变量称为局部变量。定义在函数内的局部变量只能在函数内部使用，如函数外有同名变量，二者无任何关系。由此推之，在不同的函数内可以定义名字相同的局部变量，它们之间不会相互影响，互不干涉。

程序 5-6：定义函数，使用局部变量输出校训。

```
def gdxzzy_motto():
    motto = "厚德励志求是创新"
    print("局部变量 motto:", motto)
```

```
def tsinghua_motto():
    motto = "自强不息厚德载物"
    print("局部变量motto:", motto)


gdxzzy_motto()
tsinghua_motto()
print("motto:", motto)
```

运行结果：

```
局部变量motto: 厚德励志求是创新
局部变量motto: 自强不息厚德载物
Traceback (most recent call last):
  File "E:/python workspace/Python高级应用/Python自编教材第5章函数.py", line
71, in <module>
    print("motto:", motto)
NameError: name 'motto' is not defined
```

上述代码中，gdxzzy_motto()函数和 tsinghua_motto()函数各自定义了局部变量 motto，局部变量互不干涉。如果试图在函数以外访问变量 motto，该变量不存在 not defined，这是由于超出了变量作用域的缘故。大家不妨熟悉一下这个错误提示，这个提示很经典。

5.3.2 全局变量

与局部变量相对应，定义在函数体外面的变量称为全局变量，全局变量可以在函数外访问，也可以在函数体内访问。

程序 5-7： 全局变量使用。

```
motto = "中华民族伟大复兴"


def print_motto():
    print("函数内访问全局变量motto: ", motto)


def gdxzzy_motto():
    motto = "厚德励志求是创新"
    print("局部变量motto:", motto)


print_motto()
gdxzzy_motto()
print("全局变量motto:", motto)
```

运行结果：

```
函数内访问全局变量motto:  中华民族伟大复兴
局部变量motto: 厚德励志求是创新
全局变量motto: 中华民族伟大复兴
```

gdxzzy_motto()函数中定义了一个局部变量 motto，函数外还有一个全局变量 motto。print_motto()函数体内访问了全局变量 motto。

5.3.3　global 关键字和 nonlocal 关键字

如果想要在函数体内对全局变量赋值，需要使用关键字 global。

程序 5-8： 在函数体内对全局变量赋值。

```
1    motto = "中华民族伟大复兴"

2    def modify_motto():
3        global motto
4        motto = "不忘初心 牢记使命"
5        print("修改全局变量motto:", motto)

6    modify_motto()
7    print("全局变量motto:", motto)
```

运行结果：

```
修改全局变量motto：不忘初心 牢记使命
全局变量motto：不忘初心 牢记使命
```

第 3 行的 global motto 如果去掉，程序不会报错。此时函数 modify_motto 内的 motto 为局部变量。

使用 nonlocal 关键字，可以在一个嵌套的函数中修改嵌套作用域中的变量，用法和 global 关键字类似。

程序 5-9： 嵌套函数。

```
def func_out():
    name = 'Mary'

    def func_in():
        name = 'Rose'
    func_in()
    print("name=", name)

func_out()
```

运行结果：

```
name= Mary
```

上述代码中，有两个局部变量 name，一个在函数 func_out()内部，其值为'Mary'；另一个在嵌套的 func_in()函数中，其值为'Rose'。在函数 func_out()内部访问 name，将输出 Mary。如果要在 func_in()函数体内部修改 func_out()函数内的变量 name，则需要使用 nonlocal 关键字。

代码示例：

```
def func_out():
    name = 'Mary'

    def func_in():
        nonlocal name
        name = 'Rose'
    func_in()
    print("name=", name)

func_out()
```

运行结果：

```
name= Rose
```

可以看到，func_out()函数内的局部变量 name 已经被修改为新的值'Rose'。

5.4 匿 名 函 数

匿名函数就是没有实际名称的函数。Python 允许使用 lambda 语句来创建匿名函数。函数没有名称会是好事情吗？这里的理由是，编程时如果需要定义一个功能简单但不经常使用的函数来执行脚本，那就适合采用匿名函数。用 lambda 语句创建的匿名函数，不需要函数的定义过程，也无须考虑函数命名，代码简洁，程序可读性良好。

lambda 语句的语法格式如下：

```
lambda <形式参数列表>:表达式
```

lambda 语句使用冒号来分隔函数参数与返回值；冒号前面是函数参数，若有多个参数需使用逗号隔开；冒号后面是一个表达式，不需要使用代码块。

代码示例：

```
def func(x, y):
    return x+y
```

上述函数 func()也可以定义为匿名函数，并且 Python 允许将 lambda 语句作为对象赋值给变量，然后使用变量名进行调用。

```
sum = lambda x,y:x+y
print(sum(1,2))
```

运行结果：

```
3
```

对于 lambda 语句定义的匿名函数，使用时需注意以下几点。

（1）lambda 定义的是单行函数，如果需要复杂的函数，应使用 def 定义常规意义的函数。

（2）lambda 语句可以包含任意多个参数。

（3）lambda 语句中的表达式不能含有命令，且仅限一个表达式，匿名函数返回表达式的值。

使用匿名函数时，应避免滥用。过于复杂的匿名函数反而不易于解读，丧失了使用匿名函数的初衷。

程序 5-10：匿名函数。

```python
f1 = lambda x, y: x+y
f2 = lambda x=1, y=2: x+y
print(f1(10, 20))
print(f2())
print(f2(y=20, x=10))

book =[{'title': 'Python 程序设计', 'price': 35.00},
       {'title': 'C 程序设计', 'price': 30.00},
       {'title': 'Java 程序设计', 'price': 25.00}]

book.sort(key=lambda x: x['title'])
print("按书名排序: ", book)

book.sort(key=lambda x: x['price'])
print("按价格排序: ", book)

#salary 存储员工薪水
salary = [2000, 3000, 4000, 5000]
salary = list((map(lambda x: int(x*1.1), salary)))
print("每人加薪 10%后的薪水: ", salary)
```

运行结果：

```
30
3
30
按书名排序:  [{'title': 'C 程序设计', 'price': 30.0}, {'title': 'Java 程序设计',
'price': 25.0}, {'title': 'Python 程序设计', 'price': 35.0}]
按价格排序:  [{'title': 'Java 程序设计', 'price': 25.0}, {'title': 'C 程序设计',
'price': 30.0}, {'title': 'Python 程序设计', 'price': 35.0}]
每人加薪 10%后的薪水:  [2200, 3300, 4400, 5500]
```

上述代码中，map()函数是 Python 的内置函数，它的基本语法为 map(func,list)。其中，func()是一个函数，list 是一个序列对象。在执行的时候，按从左到右的顺序把函数 func()依次作用在 list 的每个元素上，最后得到一个新的 list 并返回。

【小贴士】map()函数不改变原有的 list，而是返回一个新的 list。

5.5 递 归 函 数

所谓递归，就是函数内部调用自身，即函数自己调用自己。

递归函数的语法格式如下：

```
def <函数名> ():
    return <函数名> ()
```

函数调用自己，理论上可以无限调用下去吗？和死循环一样，显然不可能。每次调用函数会用掉一点内存，内存是有限的，当足够多的函数调用发生后，空间几乎被占满，程序就会报异常。无穷递归现实上行不通，实际上递归的执行过程，背后利用了数据结构中的栈（stack）来处理递归函数返回的数据。实现递归函数的一个必要条件是要有终止条件，否则栈就会溢出。通过递归可以实现很多经典的算法，如阶乘、斐波那契数列等。

阶乘问题示例：

1!=1

2!=2×1

3!=3×2×1

……

n!=n×…×3×2×1

如果计算 n!用函数 f(n)表示，可以看出 f(n)= f(n-1)×n，依次类推，只有当 n=1 时需要特殊处理。

再如斐波那契数列问题：

斐波那契数列指的是如下数列：0、1、1、2、3、5、8、13、21、34、…这个数列从第 3 项开始，每一项都等于前两项之和。依次类推，如果 a_n 为数列的第 n 项，那么 $a_n=a_{n-1}+a_{n-2}$。只有当 n=1 时，$a_1=1$；当 n=0 时 $a_0=0$ 需要特殊处理。

程序 5-11：递归函数。

```
#计算阶乘的递归函数
def cal_factorial(n):
    if n == 0 or n == 1:
        return 1
    else:
        return n * cal_factorial(n-1)

print("5!=",cal_factorial(5))

#计算斐波那契数列的递归函数
def fibonacci(n):
    if n == 1:
        return 0
    elif n == 2:
```

```
            return 1
        else:
            return fibonacci(n-1)+fibonacci(n-2)
```

```
print("斐波那契数列的第10项为: ",fibonacci(10))
```

运行结果:

```
5!= 120
斐波那契数列的第10项为:  34
```

递归函数的执行过程, 以5!为例:

```
cal_factorial(5)=5* cal_factorial(4)
= 5 * 4 * cal_factorial(3)
= 5 * 4 * 3 * cal_factorial(2)
= 5 * 4 * 3 * 2 * cal_factorial(1)
= 5 * 4 * 3 * 2 * 1
= 120
```

递归函数的优点是定义简单,逻辑清晰。理论上,所有的递归函数都可以写成循环的方式,不过循环的逻辑不如递归清晰。

5.6 拓 展 实 践

5.6.1 计算会员折扣

假设消费者在京东商城在线购买商品,如果消费者是会员,在网站购买会得到 10%的折扣;如果当天是本人生日,消费还会获得额外 5%的折扣。请编写函数,使用适当的折扣,返回该商品的最终价格。

程序 5-12: 计算会员折扣。

```
from datetime import datetime
import time

discount = 0

def member_discount(is_member):
    global discount
    if is_member == '是':
        discount += 0.1

def birthday_discount(birthday):
    today = time.localtime(time.time())
    if birthday.month == today.tm_mon and birthday.day == today.tm_mday:
        global discount
```

```
        discount += 0.05

print("华为 Mate40 正在热销...")

price = float(input("请输入原价: "))
is_member = input("请输入是否是会员: ")
birthday_str = input('请输入出生日期(yyyy/mm/dd): ')
birthday = datetime.strptime(birthday_str, '%Y/%m/%d')

member_discount(is_member)
birthday_discount(birthday)
print("最终价格: ", price * (1-discount))
```

运行结果 1:

```
华为 Mate40 正在热销...
请输入原价: 4000
请输入是否是会员: 是
请输入出生日期(yyyy/mm/dd): 1990/01/10
最终价格:  3400.0
```

运行结果 2:

```
华为 Mate40 正在热销...
请输入原价: 4000
请输入是否是会员: 是
请输入出生日期(yyyy/mm/dd): 1995/10/01
最终价格:  3600.0
```

5.6.2　手机菜单

编写任何软件时，通常先显示功能菜单，等待用户进行选择。例如，手机上的菜单就是一个实例。菜单选项一般有信息、通讯录、游戏、设置等。写一个函数 display_menu()，向用户显示菜单，并允许用户做出选择。（提示：可使用 input()函数）

程序 5-13：手机菜单。

```
def message():
    print("进入信息功能...")

def address():
    print("进入通讯录功能...")

def game():
    print("进入游戏...")

def setting():
    print("进入系统设置...")
```

```python
def display_menu():
    while True:
        print("\n----------- 欢迎使用手机 -----------")

        print("手机提供如下功能：\n 1．信息\n 2．通讯录\n 3．游戏\n 4．设置\n 5．退出系统")
        choice = int(input("请输入数字选择一项功能："))
        if choice == 1:
            message()
        elif choice == 2:
            address()
        elif choice == 3:
            game()
        elif choice == 4:
            setting()
        elif choice == 5:
            exit(0)
        else:
            print("请输入正确的序号(1~5)。")

def main():
    """
    主函数
    """
    display_menu()


if __name__ == '__main__':
    main()
```

运行结果：

```
----------- 欢迎使用手机 -----------
手机提供如下功能：
 1．信息
 2．通讯录
 3．游戏
 4．设置
 5．退出系统
请输入数字选择一项功能：1
进入信息功能...

----------- 欢迎使用手机 -----------
手机提供如下功能：
 1．信息
 2．通讯录
 3．游戏
 4．设置
 5．退出系统
请输入数字选择一项功能：2
```

```
进入通讯录功能...

----------- 欢迎使用手机 -----------
手机提供如下功能：
 1．信息
 2．通讯录
 3．游戏
 4．设置
 5．退出系统
请输入数字选择一项功能：3
进入游戏...

----------- 欢迎使用手机 -----------
手机提供如下功能：
 1．信息
 2．通讯录
 3．游戏
 4．设置
 5．退出系统
请输入数字选择一项功能：4
进入系统设置...

----------- 欢迎使用手机 -----------
手机提供如下功能：
 1．信息
 2．通讯录
 3．游戏
 4．设置
 5．退出系统
请输入数字选择一项功能：5

Process finished with exit code 0
```

5.6.3 删除偶数/奇数

（1）编写函数，参数为整数列表，删除列表中的偶数，并返回修改后的列表。

（2）编写函数，参数为整数列表，删除列表中的奇数，并返回修改后的列表。

（3）编写函数，参数为整数列表和一个布尔值。如果布尔值为真，从列表中删除奇数；否则，删除偶数，函数返回修改后的列表。

程序 5-14：删除偶数/奇数。

```
def odd_list(old_list):
    new_list = []
    for number in old_list:
        if number % 2 == 0:
            new_list.append(number)
    return new_list
```

```python
def even_list(old_list):
    new_list = []
    for number in old_list:
        if number % 2 == 1:
            new_list.append(number)
    return new_list


def filter_list(old_list, flag):
    if flag == True:
        return odd_list(old_list)
    else:
        return even_list(old_list)

def main():
    """
    主函数
    """
    old_list_str = input("请输入一个列表（以空格隔开）：")
    old_list_tmp = old_list_str.split(' ')
    old_list = [int(i) for i in old_list_tmp]

    print("原始列表为：", old_list)
    print("打印列表中的奇数：", even_list(old_list))
    print("打印列表中的偶数：", odd_list(old_list))

    flag = input("需要奇数列表，请输入'Y'；否则输入'N'")
    print(filter_list(old_list, flag))


if __name__ == '__main__':
    main()
```

运行结果：

```
请输入一个列表（以空格隔开）：1 2 3 4 5 6
原始列表为： [1, 2, 3, 4, 5, 6]
打印列表中的奇数： [1, 3, 5]
打印列表中的偶数： [2, 4, 6]
需要奇数列表，请输入'Y'；否则输入'N'Y
[1, 3, 5]
```

本 章 小 结

Python 相对于其他语言而言，构建函数的风格更为简练。本章主要介绍了 Python 中命名函数的定义方法，从函数定义的格式上可以体现出简练的编程风格，其多种多样的参数设置方式提供了更加灵活的函数定义及调用方法。本章的主要知识点如下。

（1）Python 中定义函数时由关键字 def 声明，其后紧跟函数名和参数，参数存放在括号中，之后紧跟冒号，函数体的缩进为 4 个空格，代码需严格按照缩进编写。

（2）Python 除设置了默认参数外，还提供了可变参数的方法，使得定义函数和调用函数更为灵活。*args 参数传入时存储在元组中，＊＊kwargs 参数传入时存储在字典内。

（3）在函数内部可以内建函数，函数体内的局部变量仅在该层函数体内有效。变量转换为全局变量后，才可在全局使用，但是需要注意全局变量值的改变。

（4）使用 lambda 表达式可以创建匿名函数。匿名函数适用于定义不需要多次使用的短函数。使用过于复杂的匿名函数，会影响函数的可读性。

（5）使用在 Python 中导入模块的方法，可以让代码更简洁，也更易于阅读和理解。

习　　题

一、填空题

1．查看变量类型的 Python 内置函数是_____。

2．查看变量内存地址的 Python 内置函数是_____。

3．Python 3.x 语句 print(1, 2, 3, sep=':')的输出结果为_____。

4．表达式 sorted([111, 2, 33], key=lambda x: len(str(x)))的值为_____。

5．表达式 sorted([111, 2, 33], key=lambda x: -len(str(x)))的值为_____。

6．Python 内置函数_____可以返回列表、元组、字典、集合、字符串以及 range 对象中元素个数。

7．Python 内置函数_____用来返回序列中的最大元素。

8．Python 内置函数_____用来返回序列中的最小元素。

9．Python 内置函数_____用来返回数值型序列中所有元素之和。

10．表达式 list(map(lambda x: len(x), ['a', 'bb', 'ccc']))的值为_____。

11．已知 f = lambda x: x+5，那么表达式 f(3)的值为_____。

二、判断题

1．函数是代码复用的一种方式。（　　）

2．定义函数时，即使该函数不需要接收任何参数，也必须保留一对空的圆括号来表示这是一个函数。（　　）

3．一个函数如果带有默认值参数，那么必须所有参数都设置默认值。（　　）

4．定义 Python 函数时必须指定函数返回值类型。（　　）

5．定义 Python 函数时，如果函数中没有 return 语句，则默认返回空值 None。（　　）

　　6．不同作用域中的同名变量之间互相不影响，也就是说，在不同的作用域内可以定义同名的变量。（　　　）

　　7．全局变量会增加不同函数之间的隐式耦合度，从而降低代码可读性，因此应尽量避免过多使用全局变量。（　　　）

　　8．函数内部定义的局部变量当函数调用结束后被自动删除。（　　　）

　　9．在函数内部，既可以使用 global 来声明使用外部全局变量，也可以使用 global 直接定义全局变量。（　　　）

　　10．在函数内部没有办法定义全局变量。（　　　）

　　11．在函数内部直接修改形参的值并不影响外部实参的值。（　　　）

　　12．调用带有默认值参数的函数时，不能为默认值参数传递任何值，必须使用函数定义时设置的默认值。（　　　）

三、选择题

　　1．下列说法错误的是（　　　）。
　　　　A．定义函数包含两个部分：函数头和函数体
　　　　B．形式参数简称形参，形参并不一定都存在
　　　　C．函数名与变量名一样，需要遵循 Python 中变量名的命名约定
　　　　D．如果没有形参，定义函数时的小括号不需要保留

　　2．

```python
motto = "I love python"

def print_motto():
    print("函数内访问变量 motto: ", motto)

def tony_motto():
    motto = "I hate python"
    print("变量 motto: ", motto)

print_motto()
tony_motto()
print("变量 motto: ", motto)
```

上述代码的输出结果为（　　　）。
　　　　A．函数内访问变量 motto：　I love python
　　　　　　变量 motto：I hate python
　　　　　　变量 motto：I love python
　　　　B．函数内访问变量 motto：　I hate python
　　　　　　变量 motto：I hate python
　　　　　　变量 motto：I love python
　　　　C．函数内访问变量 motto：　I hate python

变量 motto：I hate python

变量 motto：I hate python

  D．函数内访问变量 motto：　I love python

变量 motto：I love python

变量 motto：I love python

3．代码 print(list(range(0, 10, 3)))的运行结果为（　　　）

  A．[1, 4, 7, 10]　　　　　　　　B．[0, 3, 6, 9]

  C．[1, 3, 6, 9]　　　　　　　　D．[0, 4, 7, 10]

4．下述代码的运行结果为（　　　）

```
def func(x=1, y=2):
    return x-y

print(func(y=20, x=1))
```

  A．10　　　　　　B．30　　　　　　C．−19　　　　　　　D．21

5．下列关于函数参数的说法中，错误的是（　　　）。

  A．在 Python 中，使用@ags 和@@ kwargs 可以定义可变参数

  B．位置参数是函数调用最常见的方式

  C．函数定义时，如果函数的形参设置了默认值，那么函数调用时可以不传入实参，直接使用默认的参数值执行

  D．使用关键字参数时，可以不严格按照位置传参，Python 解释器会自动按照关键字进行参数匹配

四、简答题

1．什么是递归？

2．如何创建匿名函数？

五、编程题

1．闰年在公历系统中是能被 4 整除但不能被 100 整除，或者能被 400 整除的那些年份。例如，1896 年、1904 年和 2000 年是闰年，但 1900 不是。写一个函数，输入年份，输出是否为闰年。

2．编写函数，判断一个整数是否为素数，并编写主程序调用该函数。

3．编写函数，接收一个字符串，分别统计大写字母、小写字母、数字、其他字符的个数，并以元组的形式返回结果。

第 6 章 面 向 对 象

学习目标

- ❑ 熟悉面向过程和面向对象。
- ❑ 掌握类与对象。
- ❑ 掌握属性与方法。
- ❑ 了解封装、继承、多态。
- ❑ 了解 Python 语言的动态性。
- ❑ 了解枚举类。

任务导入

场景 1：在现实世界中，人是一个客观存在的实体。那么在编程中，如何处理人这个实体的信息呢？

场景 2：在一个学校里，学生和教师都是人其中的一部分，那么在编程中如何处理学生和教师与人实体的关系呢？

实际上，场景 1 可以使用类来描述人的信息，场景 2 可以使用继承来表达学生和教师与类人实体之间的关系。

6.1　面向过程和面向对象

先解释面向过程，使用面向过程的分析方法，需要先分析出解决问题的步骤，然后用函数把这些步骤一步一步地实现，解决问题的时候就是一个一个函数地调用。面向过程的程序设计其核心是过程，过程即解决问题的步骤。面向过程的设计就好比精心设计好一条流水线，考虑周全什么时候处理什么东西。它的优点是：极大地降低了写程序的复杂度，只需要顺着要执行的步骤，堆叠代码即可，性能比面向对象高。同时，它的缺点是：没有面向对象易维护、易复用、易扩展。

那有了面向过程为什么还需要面向对象？因为现实世界太复杂多变，面向过程的分析方法无法实现。面向对象的核心是对象，面向对象编程中，将函数和变量进一步封装成类，类才是程序的基本元素。类将数据和操作紧密地连接在一起，并保护数据不会被外界的函数意外改变。类和对象（也称类的实例）是面向对象的核心概念，是其与面向过程编程的最根本区别。面向对象编程的优点是：易维护、易复用、易扩展。由于面向对象有封装、继承、多态性的特性，可以设计出低耦合的系统，使系统更加灵活、更加易于维护。同时，它的缺点是：性能比面向过程低。

6.2　类

在面向对象的程序设计中有两个重要概念：类（class）和对象（object）。对象也被称为实例（instance），可以把类理解成某一种事物的抽象概念，而对象是某一种事物的具体概念。

Python 定义类的语法格式如下：

```
class 类名:
    执行语句……
    零个到多个类变量……
    零个到多个方法……
```

类名只要是一个合法的标识符即可，但这仅仅满足的是 Python 的语法要求。如果从程序的可读性方面来看，Python 的类名必须是由一个或多个有意义的单词连缀而成的，每个单词首字母大写，其他字母全部小写，单词与单词之间最好不要使用任何分隔符。

Python 类包含两个重要的成员，即变量和方法。其中，类变量属于类本身，用于定义该类本身所包含的状态数据；实例变量属于该类的对象，用于定义对象所包含的状态数据；方法用于定义该类对象的行为或功能实现。

在类中定义的方法默认是实例方法，定义实例方法的方法与定义函数的方法基本相同，只是实例方法的第一个参数会被绑定到方法的调用者（该类的实例），因此实例方法至少应该定义一个参数，该参数通常会被命名为 self。

【小贴士】self 代表类的实例。实例方法的第一个参数并不一定要叫 self，其实完全可以叫任意参数名，只是约定俗成地把该参数命名为 self，这样代码具有最佳的可读性。

在实例方法中有一个特别的方法：__init__()，这个方法被称为构造方法。构造方法用于构造该类的对象，Python 通过调用构造方法返回该类的对象（无须使用 new）。

构造方法是一个类创建对象的根本途径，因此 Python 还提供了一个功能：如果开发者没有为该类定义任何构造方法，那么 Python 会自动为该类定义一个只包含一个 self 参数的默认构造方法。

定义一个 Person 类。

```
class Person:
    #这是定义的一个 Person 类
    #下面定义了一个类变量
    sex = 'male'
    def __init__(self, name, age):
        #下面为 Person 对象增加两个实例变量
        self.name = name
        self.age = age

    #下面定义了一个 say()方法
```

```
    def say(self, content):
        print(content)
```

上面的 Person 类代码定义了一个构造方法，该构造方法只是方法名比较特殊，为 __init__()。该方法的第一个参数同样是 self，被绑定到构造方法初始化的对象。

6.3 对 象

创建对象的根本途径是构造方法，调用某个类的构造方法即可创建这个类的对象，Python 无须使用 new 调用构造方法。如下代码示范了如何调用 6.2 节中 Person 类的构造方法。

```
#调用 Person 类的构造方法，返回一个 Person 对象
#将该 Person 对象赋值给 p 变量
p = Person('john', 19)
```

在创建对象之后，接下来即可使用该对象了。

对象访问方法或变量的语法是：对象.变量|方法(参数)。在这种方式中，对象是主调者，用于访问该对象的变量或方法。下面代码通过 Person 对象来调用 Person 的实例和方法。

```
#输出 p 的 name、age 实例变量
print(p.name, p.age)
#调用 p 的 say()方法，在声明 say()方法时定义了两个形参
#第一个形参（self）是自动绑定的，因此调用该方法只需为第二个形参指定一个值
p.say('Python 语言')
```

完整代码如程序 6-1 所示。

程序 6-1：定义 Person 类和实例化对象。

```
class Person:
    #这是定义的一个 Person 类
    #下面定义了一个类变量
    sex = 'male'
    def __init__(self, name, age):
        #下面为 Person 对象增加两个实例变量
        self.name = name
        self.age = age

    #下面定义了一个 say()方法
    def say(self, content):
        print(content)


p = Person('john', 19)
print(p.name, p.age)
p.say('Python 语言')
```

运行结果：

```
john 19
Python 语言
```

【小贴士】从 Python 语言的设计来看，Python 的类、对象有点类似于一个命名空间，因此在调用类、对象的方法时，一定要加上"类."或者"对象."的形式。如果直接调用某个方法，这种形式属于调用函数。

6.4 类的属性和方法

方法和属性是类里面很重要的组成部分，下面具体讲一讲属性和方法。

6.4.1 属性

类里定义的变量通常叫作属性。类的属性默认情况下都是公有的，但是如果属性的名字以两个下画线（__）开头，则表示其是私有属性，没有以两个下画线开头的属性表示其是公有属性。Python 的属性可以分为实例属性和类属性。

类属性定义在类中且在方法之外，实例属性是以 self 为前缀的属性。如果构造方法中定义的属性没有使用 self 作为前缀声明，则该变量只是普通的局部变量。类中其他方法定义的变量也只是局部变量，而非类的实例属性。

程序 6-2：类属性和实例属性。

```
class Fruit:
    price = 0                                    #定义一个类属性
    def __init__(self):                          #构造函数
        self.color = "red"                       #实例属性，以 self 为前缀
        zone = "China"                           #局部变量，不以 self 为前缀

if __name__ == "__main__":  #这句的意思是，当模块被直接运行时，以下代码将被运行
    print(Fruit.price)                           #使用类名调用类变量 0
    apple = Fruit()                              #实例化 apple
    print(apple.color)                           #打印 apple 实例的颜色为 red
    Fruit.price = Fruit.price + 10               #将类变量+10
    print("apple's price:" + str(apple.price))   #打印 apple 实例的 price 10
    banana = Fruit()                             #实例化 banana
    print("banana's price:" + str(banana.price)) #打印 banana 实例的 price 10
```

运行结果：

```
0
red
apple's price:10
banana's price:10
```

　　值得注意的是，Python 的类和对象都可以访问类属性；类的外部不能直接访问私有属性（属性名以两个下画线开始），当把上面的 self.color=color 改为 self.__color="red"，再次执行 print(Fruit.__color)时就会报错。

　　此外，Python 还有一些内置类属性，分别如下。

　　（1）__dict__：类的属性（包含一个字典，由类的数据属性组成）。

　　（2）__doc__：类的文档字符串。

　　（3）__name__：类名。

　　（4）__module__：类定义所在的模块（类的全名是'__main__.className'，如果类位于一个导入模块 mymod 中，那么 className.__module__ 等于 mymod）。

　　（5）__bases__：类的所有父类构成元素（包含了一个由所有父类组成的元组）。

【小贴士】需要说明的是，Python 允许通过对象访问类变量；但是，如果程序通过对象尝试
　　　　　对类变量赋值，此时性质就变了，因为 Python 是动态语言，赋值语句往往意味
　　　　　着定义新变量。

6.4.2　方法

　　方法是类或对象的行为特征的抽象，但 Python 的方法其实也是函数，其定义方式、调用方式和函数都非常相似。在 Python 的类体中定义的方法默认都是实例方法。

　　Python 支持定义类方法，也支持定义静态方法。Python 的类方法和静态方法很相似，它们都推荐使用类来调用（其实也可使用对象来调用）。类方法和静态方法的区别在于：Python 会自动绑定类方法的第一个参数，类方法的第一个参数（通常建议参数名为 cls）会自动绑定到类本身；但对于静态方法则不会自动绑定。

　　使用@classmethod 修饰的方法就是类方法；使用@staticmethod 修饰的方法就是静态方法。

　　程序 6-3：定义类方法和静态方法。

```
class Bird:
    #实例方法
    def eat(self):
        print('bird eat')
    #使用@classmethod修饰的方法是类方法
    @classmethod
    def fly(cls):
        print('类方法fly:', cls)
    #使用@staticmethod修饰的方法是静态方法
    @staticmethod
    def info(p):
        print('静态方法info:', p)


#调用类方法，Bird类会自动绑定到第一个参数
```

```
Bird.fly()
#调用静态方法，不会自动绑定，因此程序必须手动绑定第一个参数
Bird.info('hello')
#创建 Bird 对象
b = Bird()
#使用对象调用 eat() 实例方法
b.eat()
#使用对象调用 fly() 类方法，其实依然还是使用类调用的
#因此第一个参数依然被自动绑定到 Bird 类
b.fly()
#使用对象调用 info() 静态方法，其实依然还是使用类调用的
#因此程序必须为第一个参数执行绑定
b.info('hello')
#也支持使用类名调用实例方法，但此方式需要手动给 self 参数传值
Bird.eat(b)
```

运行结果：

```
类方法 fly: <class '__main__.Bird'>
静态方法 info: hello
bird eat
类方法 fly: <class '__main__.Bird'>
静态方法 info: hello
bird eat
```

从上面代码可以看出，使用@classmethod 修饰的方法是类方法，该类方法定义了一个
cls 参数，该参数会被自动绑定到 Bird 类本身，不管程序是使用类还是对象调用该方法。

上面程序还使用@staticmethod 定义了一个静态方法，程序同样既可使用类调用静态方
法，也可使用对象调用静态方法，不管用哪种方法调用，Python 都不会为静态方法执行自
动绑定。

在使用 Python 编程时，一般不需要使用类方法或静态方法，程序完全可以使用函数来
代替类方法或静态方法。

还可使用@property 装饰器来修饰方法，使之成为属性。

程序 6-4：@property 使用举例。

```
class Animal(object):
    def __init__(self, name):
        self._name = name
    @property
    def name(self):
        return self._name
    @name.setter
    def name(self, value):
        self._name = value


a = Animal('black dog')
```

```
a.name = 'white dog'
print(a.name)
```

运行结果:

```
white dog
```

property 还有一种函数形式, 定义一个属性与@property 实现原理类似, 或者说就是它的变异用法。其原型为:

```
property(fget=None, fset=None, fdel=None, doc=None)
```

对于上面的 Animal 类, 可以用 property()函数改写。

程序 6-5: 用 property()函数改写程序 6-4。

```
class Animal(object):
    def __init__(self, name):
        self._name = name

    def get_name(self):
        return self._name

    def set_name(self, value):
        self._name = value

    name = property(fget=get_name, fset=set_name, fdel=None, doc='name of
an animal')

a = Animal('black dog')
a.name = 'white dog'
print(a.name)
print(Animal.name.__doc__)
```

运行结果:

```
white dog
name of an animal
```

6.5 封　　装

封装是面向对象的三大特征之一(另外两个特征是继承和多态), 它指的是将对象的状态信息隐藏在对象内部, 不允许外部程序直接访问对象内部信息, 而是通过该类所提供的方法来实现对内部信息的操作和访问。封装可以达到以下目的。

(1)隐藏类的实现细节。

(2)让类的使用者只能通过相应的方法来访问数据, 限制对属性的不合理访问。

（3）可进行数据检查，从而有利于保证对象信息的完整性。

（4）便于修改，提高代码的可维护性。

为了实现良好的封装，需要从两个方面来考虑。

（1）将对象的属性和实现细节隐藏起来，不允许外部直接访问。

（2）提供相应的方法，让方法来控制对这些属性进行安全的访问和操作。

程序 6-6： 封装的使用。

```python
class Person:
    #设置类属性
    __nation = 'china'
    def __init__(self, name):
        self.name = name
        print('在 Person 类里: __nation = ', Person.__nation, '\n')

    def getnation(self):
        return Person.__nation

    def setnation(self, name):
        Person.__nation = name


#初始化对象 p1
p1 = Person('xiao ming')          #输出 china
print(p1.getnation())             #通过对象调用方法打印私有属性的值并输出 china
print(p1._Person__nation)         #通过"对象.类名__属性名"访问，输出 china
#print(Person.__nation)           #报错，通过类名不能直接访问私有属性
#print(p1.__nation)               #报错，通过对象不能直接访问私有属性
#在对象 p1 上修改属性值，其实是在 p1 中定义了一个名为 __nation 的变量
#因为 Python 中的都是动态变量，而没有改变类中真正的属性
p1.__nation = 'usa'
print(p1._Person__nation)         #输出 china
print(p1.__nation)                #输出 usa
#在类 Person 上修改属性值
Person.__nation = 'france'
print(Person._Person__nation)     #输出 china
print(Person.__nation)            #输出 france
```

运行结果：

```
在 Person 类里: __nation =  china

china
china
china
usa
china
france
```

为什么类中的私有属性可以在外部赋值并访问？Python 的类中通过加双下画线来设置的"私有属性"其实是"伪私有属性"，原理是 Python 编译器将加了双下画线的"属性名"自动转换成"类名属性名"。所以，在外部用"属性名"访问私有属性时，会触发 AttributeError，从而实现"私有属性"的特性。但通过"类名属性名"也可以访问这些属性，可以说 Python 并没有提供真正的隐藏机制，所以 Python 类定义的所有成员默认都是公开的。

6.6　继　　承

继承是面向对象的三大特征之一，也是实现软件复用的重要手段。继承经常用于创建和现有类功能类似的新类，或者是新类只需要在现有类基础上添加一些成员（属性和方法）。通过使用继承这种机制，可以轻松实现类的重复使用。Python 的继承机制是多继承，即一个子类可以同时拥有多个直接父类。

6.6.1　继承的语法

Python 子类继承父类的语法是在定义子类时，将多个父类放在子类之后的圆括号里，语法格式如下：

```
class Subclass(SuperClassl, SuperClass2, … ):
    #类定义部分
```

从上面的语法格式来看，定义子类的语法非常简单，只需在原来的类定义后增加圆括号，并在圆括号中添加多个父类，即可表明该子类继承了这些父类。

如果在定义一个 Python 类时并未显式指定这个类的直接父类，则这个类默认继承 Object 类。因为 Object 类是所有类的父类。

实现继承的类被称为子类，被继承的类被称为父类，也被称为基类、超类。父类和子类的关系，是一般和特殊的关系。例如，水果类和苹果类的关系，苹果类继承了水果类，水果类是父类，苹果类是水果类的子类。

程序 6-7：子类继承父类。

```
class Fruit:
    def info(self):
        print("我是一个水果，重%s 克" % self.weight)


class Food:
    def taste(self):
        print("不同食物的口感不同")


#定义 Apple 类，继承了 Fruit 类和 Food 类
```

```
class Apple(Fruit, Food):
    pass            #pass 是空语句，不做任何事情，一般用作占位语句


#创建 Apple 对象
a = Apple()
a.weight= 5.6
#调用 Apple 对象的 info()方法
a.info()
#调用 Apple 对象的 taste()方法
a.taste()
```

运行结果：

```
我是一个水果，重 5.6 克
不同食物的口感不同
```

上面程序开始定义了两个父类：Fruit 类和 Food 类，接下来程序定义了一个 Apple 类，该 Apple 类是一个空类，它继承 Fruit 类和 Food 类。创建了 Apple 对象之后，可以访问 Apple 对象的 info()和 taste()方法，这表明 Apple 对象也具有了 info()和 taste()方法，这就是继承的作用。

6.6.2　多继承

除了 C++，大部分面向对象编程语言都只支持单继承，而不支持多继承，这是由于多继承不仅增加了编程的复杂度，而且很容易导致一些错误。Python 虽然在语法上明确支持多继承，但通常推荐单继承。尽量不要使用多继承，这样可以保证编程思路更清晰，而且可以避免很多麻烦。

当一个子类有多个直接父类时，该子类会继承得到所有父类的方法，如果多个父类中包含了同名的方法，此时会发生什么呢？此时排在前面的父类中的方法会"遮蔽"排在后面的父类中的同名方法。

程序 6-8：多继承。

```
class A:
    def test(self):
        print("这是父类 A 的 test()方法")


class B:
    def test(self):
        print("这是父类 B 的 test()方法")


class C(A, B):
    def myTest(self):
        print("这是子类自己的方法")
```

```
c = C()
c.test()
```

运行结果:

这是父类 A 的 test() 方法

　　上面代码 C 类继承了 A 类和 B 类。由于 A 父类排在前面,因此 A 父类中定义的方法优先级更高。Python 会优先到 A 父类中搜寻方法,一旦在 A 父类中搜寻到目标方法,Python就不会继续向下搜寻。程序 6-8 中 A 和 B 两个父类中都包含了 test() 方法,当 C 类对象调用 test() 方法时,由于子类中没有定义 test() 方法,因此 Python 会从父类中寻找 test() 方法;此时优先使用第一个父类 A 中的 test() 方法。

　　如果将上面 C 类的定义修改为如下形式:

```
class C(B, A):
```

　　此时 B 父类的优先级高于 A 父类,因此 B 父类中的 test() 方法将会起作用,再次运行上面程序,将会得到如下的输出结果:

这是父类 B 的 test() 方法

6.6.3　方法的重写

　　子类继承了父类,那么子类就拥有了父类所有的类属性和类方法。通常情况下,子类会在此基础上,扩展一些新的类属性和类方法。但凡事都有例外,可能会遇到这样一种情况,即子类从父类继承得来的类方法中,大部分是适合子类使用的,但有个别类的方法,并不能直接照搬父类的方法。如果不对这部分类的方法进行修改,子类对象将无法使用。针对这种情况,就需要在子类中重复定义父类的方法。

　　举个例子,鸟通常是有翅膀的,也会飞,因此可以如程序 6-9 所示定义和鸟相关的类。

　　程序 6-9:定义 Bird 类。

```
class Bird:

    #鸟有翅膀
    def isWing(self):
        print("鸟有翅膀")

    #鸟会飞
    def fly(self):
        print("鸟会飞")
```

　　但是,对于鸵鸟来说,它虽然也属于鸟类,也有翅膀,但是它只会奔跑,并不会飞。针对这种情况,可以这样定义鸵鸟类,如程序 6-10 所示。

程序 6-10： 方法重写。

```
class Bird:

    #鸟有翅膀
    def isWing(self):
        print("鸟有翅膀")

    #鸟会飞
    def fly(self):
        print("鸟会飞")


class Ostrich(Bird):

    #重写 Bird 类的 fly()方法
    def fly(self):
        print("鸵鸟不会飞")


#创建 Ostrich 对象
ostrich = Ostrich()
#调用 Ostrich 类中重写的 fly()方法
ostrich.fly()
```

运行结果：

```
鸵鸟不会飞
```

运行上面程序，将看到运行 ostrich.fly()时执行的不再是 Bird 类的 fly()方法，而是 Ostrich 类的 fly()方法。

这种子类包含与父类同名方法的现象被称为方法重写（Override），也被称为方法覆盖。

6.6.4 未绑定方法

如果在子类中重写了从父类继承来的类方法，那么通过子类对象调用该方法时，Python 总是会执行子类中重写的方法。这就产生了一个新的问题，即如果想调用父类中被重写的这个方法，该怎么办呢？

Python 中的类可以看作是一个独立空间，而类方法其实就是出于该空间中的一个函数。如果想要在全局空间中调用类空间中的函数，只需要在调用该函数时备注类名即可。

程序 6-11： 未绑定方法。

```
class Bird:
    #鸟有翅膀
    def isWing(self):
        print("鸟有翅膀")
```

```
        #鸟会飞
        def fly(self):
            print("鸟会飞")


    class Ostrich(Bird):
        #重写 Bird 类的 fly()方法
        def fly(self):
            print("鸵鸟不会飞")


    #创建 Ostrich 对象
    ostrich = Ostrich()
    #调用 Bird 类中的 fly()方法
    Bird.fly(ostrich)
```

运行结果：

```
鸟会飞
```

Python 允许通过类名调用实例方法，在通过类名调用实例方法时，Python 不会为实例方法的第一个参数 self 自动绑定参数值，而是需要程序显式绑定第一个参数 self。这种机制称为未绑定方法。

6.6.5　使用 super()函数调用父类的构造方法

Python 中子类会继承父类所有的类属性和类方法。毫无疑问，父类的构造方法，子类同样也会继承。Python 是一门支持多继承的面向对象编程语言，如果子类继承的多个父类中包含同名的类实例方法，则子类对象在调用该方法时，会优先选择排在最前面的父类中的实例方法。显然，构造方法也是如此。

程序 6-12：多继承。

```
class People:
    def __init__(self,name):
        self.name = name

    def say(self):
        print("我是人，名字为: ",self.name)


class Animal:
    def __init__(self,food):
        self.food = food

    def display(self):
        print("我是动物，我吃",self.food)
```

```
#People 中的 name 属性和 say() 会遮蔽 Animal 类中的
class Person(People, Animal):
    pass


person = Person("zhangsan")
person.say()
#person.display()
```

运行结果：

```
我是人，名字为： zhangsan
```

这是因为，Person 类同时继承 People 类和 Animal 类。其中 People 类在前，在创建 person 对象时，将会调用从 People 类继承来的构造函数。因此，程序 6-12 在创建 person 对象的同时，还会对 name 属性进行赋值。

但如果去掉最后一行的注释，运行此行代码，就会报错。这是因为，从 Animal 类中继承的 display() 方法中，需要用到 food 属性的值，但由于 People 类的构造方法 "遮蔽" 了 Animal 类的构造方法，使得在创建 person 对象时，Animal 类的构造方法未得到执行，所以程序出错。

针对这种情况，正确的做法是定义 Person 类自己的构造方法（等同于重写第一个直接父类的构造方法）。但需要注意，如果在子类中定义构造方法，则必须在该方法中调用父类的构造方法。在子类中的构造方法中，调用父类构造方法有两种方式如下。

（1）类可以看作一个独立空间，在类的外部调用其中的实例方法，可以像调用普通函数那样，只不过需要额外备注类名（此方式又称为未绑定方法）。

（2）使用 super() 函数。但如果涉及多继承，该函数只会调用第一个直接父类的构造方法。

也就是说，涉及多继承时，在子类构造方法中，调用第一个父类构造方法的方式有以上两种，而调用其他父类构造方法的方式只能使用未绑定方法。

在 Python 3.x 中，super() 函数的语法格式如下：

```
super().__init__(self,...)
```

程序 6-13：super() 函数。

```
class People:
    def __init__(self, name):
        self.name = name

    def say(self):
        print("我是人，名字为： ", self.name)


class Animal:
```

```
    def __init__(self, food):
        self.food = food

    def display(self):
        print("我是动物，我吃", self.food)


class Person(People, Animal):
    #自定义构造方法
    def __init__(self, name, food):
        #调用 People 类的构造方法
        super().__init__(name)
        #super(Person,self).__init__(name)    #执行效果和上一行相同
        #People.__init__(self,name)            #使用未绑定方法调用构造方法
        #调用其他父类的构造方法，需手动给 self 传值
        Animal.__init__(self, food)


per = Person("zhangsan", "熟食")
per.say()
per.display()
```

运行结果：

```
我是人，名字为： 张三
我是动物，我吃 熟食
```

从上面的例子可以看到，Person 类自定义的构造方法中调用 People 类构造方法，可以使用 super()函数，也可以使用未绑定方法。但是调用 Animal 类的构造方法，只能使用未绑定方法。

6.7   Python 语言的动态性

Python 是动态语言，即动态类型语言，也即强类型语言。所以，Python 可以在运行时改变自身结构，动态添加或删除属性、方法。接下来将介绍 Python 如何动态地添加属性和方法。

6.7.1   添加和删除对象属性

给对象添加属性，直接使用"实例名.属性名=属性值"即可。
程序 6-14：对象添加属性。

```
class Person():
    def __init__(self,name):
        self.name = name
```

```
#定义一个对象
mark=Person("mark")
#添加属性
mark.age = 18
print(mark.age)
```

运行结果：

```
18
```

而删除对象的属性，可以用 del 对象.属性名，也可以用 delattr(对象, "属性名")。例如，在上面的程序 6-14 加上如下代码：

```
#动态删除属性
del mark.age
#这种方法删除也可以
#delattr(mark,"age")
#下面一句会报错
print(mark.age)
```

运行结果：

```
Traceback (most recent call last):
18
  File "C:/Users/zhao/PycharmProjects/untitled/6-14.py", line 17, in <module>
    print(mark.age)
AttributeError: 'Person' object has no attribute 'age'
```

【小贴士】del 和 delattr 功能有限，都是针对实例对象而言的，对于类方法，类属性则删除不了。因为 del 和 delattr 两个方法主要用来删除绑定的实例属性和实例方法。

6.7.2　添加类属性

给类添加属性，直接使用"类名.属性名=属性值"即可，例如程序 6-15。

程序 6-15： 添加类属性。

```
class Person():
    def __init__(self,name):
        self.name=name



#定义一个对象
mark = Person("mark")
#添加类属性
Person.age = 18
print(mark.age)
```

运行结果：

```
18
```

由以上代码可知，通过"类名.属性名"给类 Person 动态添加了类属性 age，Person 类的对象 mark 也能调用这个属性。

【小贴士】通过类名添加的类属性，这个类的所有对象都能使用。

6.7.3　动态添加方法

类中有 3 种方法，即实例方法、静态方法和类方法，3 种方法的区别如下。

- □　实例方法：需要绑定在一个对象上，第一个参数默认使用 self，会把对象作为第一个参数传递进来。
- □　静态方法：使用装饰器@staticmethod 进行定义，类和对象都可以调用，不需要默认参数。
- □　类方法：使用装饰器@classmethod 进行定义，类和对象都可以调用，第一个参数默认使用 cls，会把类作为第一个参数传递进来。

程序 6-16 说明了如何通过[types.MethodType(方法名, 对象名)]给类对象动态添加实例方法，通过[类名.类方法名]给类动态添加类方法，通过[类名.静态方法名]给类动态添加静态方法。

程序 6-16：动态添加方法。

```python
import types


class Person():
    def __init__(self, name):
        self.name = name

    def study(self):
        print("学习使我快乐")


#定义一个方法
def run(self, speed):
    print("我会跑，速度: ", speed)


#定义一个类方法
@classmethod
def cls_fun(cls):
    print("我是类方法")
```

```
#定义一个静态方法
@staticmethod
def sta_fun():
    print("我是静态方法")



#定义一个对象
mark = Person("mark")
mark.study()
#动态声明函数
#这里其实将 mark 这个实例给了一个方法 run()，且 run 作为方法名
mark.run = types.MethodType(run, mark)
mark.run(100)
#绑定类方法
Person.classmethod_fun = cls_fun
#调用类方法
Person.classmethod_fun()
mark.classmethod_fun()
#绑定静态方法
Person.static_fun=sta_fun
#调用静态方法
Person.static_fun()
#删除方法
del Person.classmethod_fun
#下面一句会异常
#mark.classmethod_fun()
#这种方法删除也可以
delattr(Person, "static_fun")
#下面一句会异常
#Person.static_fun()
```

运行结果：

```
学习使我快乐
我会跑，速度：100
我是类方法
我是类方法
我是静态方法
```

6.7.4　动态属性与__slots__

前面介绍了为对象动态添加方法，但是所添加的方法只是对当前对象有效。如果希望
为所有实例都添加方法，则可通过为类添加方法来实现。

程序 6-17：为类添加方法。

```
class Person:
    def __init__(self, name):
        self.name = name
```

```
def eat_func(self):
    print("%s 在吃饭" % self.name)



p1 = Person('小李')
p2 = Person('小张')
#为 Person 动态添加 eat()方法，该方法的第一个参数会自动绑定
Person.eat = eat_func
p1.eat()    #输出小李在吃饭
p2.eat()    #输出小张在吃饭
```

运行结果：

```
小李在吃饭
小张在吃饭
```

Python 的这种动态性固然有优势，但是也给程序带来了一定的隐患。程序定义好的类，完全有可能在后面被其他程序修改，这就带来了一些不确定性；如果程序要限制为某个动态类添加属性和方法，则可通过__slots__属性来指定。

__slots__属性的值是一个元组，该元组的所有元素列出了该类的实例允许动态添加的所有属性名和方法名（对于 Python 而言，方法相当于属性值为函数的属性）。

程序 6-18： __slots__属性。

```
class Person:
    __slots__ = ('name', 'age')

    def __init__(self, name=None, age=None):
        self.name = name
        self.age = age



p = Person('mike', 23)
#不能通过实例对象添加属性
#p.sex = 'boy'    #会报错

#但是可以添加类属性，不受限制
Person.sex = 'boy'
Person.like = 'shopping'
```

【小贴士】__slots__属性并不限制通过类来动态添加属性或方法，__slots__定义的属性仅对当前类实例起作用，对继承的子类是不起作用的。

6.7.5　使用 type()函数动态创建类

type()函数可以查看变量的类型以及某个类的类型。

程序 6-19：type()函数。

```
class Person:
    pass


p = Person()
#输出<class '__main__.Person'>
print(type(p))
#输出<class 'type'>，使用 class 定义的所有类都是 type 类的实例
print(type(Person))
```

运行结果：

```
<class '__main__.Person'>
<class 'type'>
```

使用 type()函数还可以动态创建类，要动态创建类，type()函数需要依次传入 3 个参数，语法格式如下：

```
type(name, bases, dict)
```

参数说明如下。

（1）name：class 的名称。

（2）bases：继承的父类元组，注意 Python 支持多重继承；如果只有一个父类，切记使用元组的单元素写法。

（3）dict：class 的方法名称与函数绑定。

程序 6-20：使用 type()函数创建类。

```
#定义一个实例方法
def say_func(self):
    print("我要学 Python! ")


#使用 type()函数创建类
Language = type("Language",(object,),dict(say=say_func,name="python"))
#创建一个 Language 实例对象
lang = Language()
#调用 say()方法和 name 属性
lang.say()
print(lang.name)
```

运行结果：

```
我要学 Python!
python
```

6.7.6　使用 metaclass 动态修改类

metaclass 元类本质也是一个类，但和普通类的用法不同，它可以对类内部的定义（包

括类属性和类方法）进行动态的修改。使用 metaclass 元类的主要目的就是为了实现在创建类时，能够动态地改变类中定义的属性或者方法。如果想把一个类设计成 metaclass 元类，程序需要先定义 metaclass，metaclass 应该继承 type 类，并重写__new__()方法。程序 6-21 定义一个 metaclass 类。

程序 6-21：定义元类。

```
#定义一个元类
class MyMetaClass(type):
    #cls 代表动态修改的类
    #name 代表动态修改的类名
    #bases 代表被动态修改的类的所有父类
    #attr 代表被动态修改的类的所有属性、方法组成的字典

    def __new__(cls, name, bases, attrs):
        #动态为该类添加一个 name 属性
        attrs['name'] = "python"
        attrs['say'] = lambda self: print("调用 say()实例方法")
        return super().__new__(cls, name, bases, attrs)
```

可以看到，在这个元类的__new__()方法中，手动添加了一个 name 属性和 say()方法。这意味着，通过 MyMetaClass 元类创建的类，会额外添加 name 属性和 say()方法，如程序 6-22。

程序 6-22：使用 metaclass 动态修改类。

```
#定义一个元类
class MyMetaClass(type):
    #cls 代表动态修改的类
    #name 代表动态修改的类名
    #bases 代表被动态修改的类的所有父类
    #attr 代表被动态修改的类的所有属性、方法组成的字典

    def __new__(cls, name, bases, attrs):
        #动态为该类添加一个 name 属性
        attrs['name'] = "python"
        attrs['say'] = lambda self: print("调用 say()实例方法")
        return super().__new__(cls, name, bases, attrs)


#定义类时，指定元类
class Language(object,metaclass=MyMetaClass):
    pass


lang = Language()
print(lang.name)
lang.say()
```

运行结果：

```
python
调用 say()实例方法
```

6.8 多 态

在面向对象程序设计中，除封装和继承特性外，多态也是一个非常重要的特性，下面介绍什么是多态。

众所周知，Python 是一种弱类型语言，其最明显的特征是在使用变量时，无须为其指定具体的数据类型，这可能会导致一种情况，同一变量可能会被先后赋值不同的类对象。

程序 6-23： 同一变量被先后赋值为不同的类对象。

```python
class Language:
    def hello(self):
        print("Language 类的方法")


class Python:
    def hello(self):
        print("Python 类的方法")


a = Language()
a.hello()
a = Python()
a.hello()
```

运行结果：

```
Language 类的方法
Python 类的方法
```

可以看到，a 可以被先后赋值为 Language 类和 Python 类的对象，但这并不是多态。类的多态特性，还要满足以下两个前提条件。

（1）继承：多态一定是发生在子类和父类之间。

（2）重写：子类重写父类的方法。

程序 6-24： 对程序 6-23 进行修改，考察多态。

```python
class Language:
    def hello(self):
        print("调用的是 language 类的 hello()方法")


class Python(Language):
```

```
        def hello(self):
            print("调用的是 Python 类的 hello()方法")


    class Java(Language):
        def hello(self):
            print("调用的是 Java 类的 hello()方法")


    a = Language()
    a.hello()
    a = Python()
    a.hello()
    a = Java()
    a.hello()
```

运行结果：

```
调用的是 language 类的 hello()方法
调用的是 Python 类的 hello()方法
调用的是 Java 类的 hello()方法
```

可以看到，**Python** 和 **Java** 都继承自 **Language** 类，且都重写了父类的 hello()方法。从运行结果可以看出，同一变量 a 在执行同一个 hello()方法时，由于 a 实际表示不同的类实例对象，因此 a.hello()调用的并不是同一个类中的 hello()方法，这就是多态。

Python 在多态的基础上，衍生出了一种更灵活的编程机制。把上面的程序 6-24 继续进行修改为程序 6-25。

程序 6-25：which 参数。

```
class WhichLanguage:
    def hello(self,which):
        which.hello()


class Language:
    def hello(self):
        print("调用的是 language 类的 hello()方法")


class Python(Language):
    def hello(self):
        print("调用的是 Python 类的 hello()方法")


class Java(Language):
    def hello(self):
        print("调用的是 Java 类的 hello()方法")
```

```
a = WhichLanguage()
#调用 Language 类的 hello()方法
a.hello(Language())
#调用 Python 类的 hello()方法
a.hello(Python())
#调用 Java 类的 hello()方法
a.hello(Java())
```

运行结果：

```
调用的是 language 类的 hello()方法
调用的是 Python 类的 hello()方法
调用的是 Java 类的 hello()方法
```

在这个程序中，通过给 WhichLanguage 类中的 hello()函数添加一个 which 参数，其内部利用传入的 which 调用 hello()方法。这意味着，当调用 WhichLanguage 类中的 hello()方法时，传给 which 参数的是哪个类的实例对象，它就会调用那个类中的 hello()方法。

6.9　枚 举 类

在某些特殊情况下，类的实例化对象的个数是固定的。例如，用一个类表示月份，则该类的实例对象最多有 12 个；用一个类表示季节，则该类的实例化对象最多有 4 个。针对这种特殊的情况，从 Python 3.4 版本开始，新增加了 Enum 枚举类。那么对于这些类的实例化对象的个数是固定的情况，可以用枚举类来定义。有以下两种方式来定义枚举类。

（1）直接使用 Enum 列出多个枚举值来创建枚举类，Enum()函数可接受两个参数，第一个参数用于指定枚举类的类名，第二个参数用于指定枚举类中的多个成员。

（2）通过继承 Enum 父类来定义枚举类。

程序 6-26：使用 Enum 列出多个枚举值来创建枚举类。

```
from enum import Enum

Season = Enum('Season', ('spring', 'summer', 'autumn', 'winter'))
#调用枚举成员的 3 种方式
print(Season.spring)
print(Season['spring'])
print(Season(1))
#调取枚举成员中的 name 和 value
print(Season.spring.name)
print(Season.spring.value)
#遍历枚举类中所有成员的两种方式
for s in Season:
    print(s)
for name, member in Season.__members__.items():
    print(name, "->", member)
```

运行结果：

```
Season.spring
Season.spring
Season.spring
spring
1
Season.spring
Season.summer
Season.autumn
Season.winter
spring -> Season.spring
summer -> Season.summer
autumn -> Season.autumn
winter -> Season.winter
```

上面程序使用 Enum 的构造方法来创建枚举类，该构造方法的第一个参数是枚举类的类名；第二个参数是一个元组，用于列出所有枚举值。在定义了上面的 Season 枚举类之后，程序可直接通过枚举值进行访问，这些枚举值都是该枚举的成员，每个成员都有 name、value 两个属性，其中 name 属性值为该枚举值的变量名，value 代表枚举值的序号（序号通常从 1 开始）。除此之外，枚举类还提供了一个__members__属性，该属性是一个包含枚举类中所有成员的字典，通过遍历该属性也可以访问枚举类中的各个成员。

如果想将一个类定义为枚举类，只需要令其继承自 enum 模块中的 Enum 类即可。

程序 6-27：继承 Enum 父类来定义枚举类。

```python
from enum import Enum


class Season (Enum):
    #为序列值指定 value 值
    spring = 1
    summer = 2
    autumn = 3
    winter = 4



#调用枚举成员的 3 种方式
print(Season.spring)
print(Season['spring'])
print(Season(1))
#调取枚举成员中的 name 和 value
print(Season.spring.name)
print(Season.spring.value)
#遍历枚举类中所有成员的两种方式
for s in Season:
    print(s)
for name, member in Season.__members__.items():
    print(name, "->", member)
```

运行结果：

```
Season.spring
Season.spring
Season.spring
spring
1
Season.spring
Season.summer
Season.autumn
Season.winter
spring -> Season.spring
summer -> Season.summer
autumn -> Season.autumn
winter -> Season.winter
```

注意，Python 枚举类中各成员必须保证 name 互不相同，但 value 可以相同。

程序 6-28：枚举类中各成员示例。

```python
from enum import Enum


class Color(Enum):
    #为序列值指定 value 值
    red = 1
    green = 1
    blue = 3


print(Color['green'])
```

运行结果：

```
Color.red
```

可以看到，Color 枚举类中 red 和 green 具有相同的值（都是 1），Python 允许这种情况的发生，它会将 green 当作是 red 的别名，因此当访问 green 成员时，最终输出的是 red。如果想避免发生这种情况，可以借助@unique 装饰器，这样当枚举类中出现相同值的成员时，程序会报 ValueError 错误。

程序 6-29：借助@unique 装饰器，避免枚举类中出现相同值的成员。

```python
#引入 unique
from enum import Enum,unique

#添加 unique 装饰器
@unique
class Color(Enum):
    #为序列值指定 value 值
    red = 1
```

```
    green = 1
    blue = 3


print(Color['green'])
```

运行结果：

```
Traceback (most recent call last):
  File "C:/Users/zhao/PycharmProjects/untitled/6-29.py", line 6, in <module>
    class Color(Enum):
  File "D:\ProgramData\Anaconda3\lib\enum.py", line 869, in unique
    (enumeration, alias_details))
ValueError: duplicate values found in <enum 'Color'>: green -> red
```

6.10　拓　展　实　践

6.10.1　定义类和实例化对象实践

程序 6-30：用面向对象的方法描述小猫爱吃鱼，小猫要喝水。

```
class Cat:
    def eat(self):
        print("小猫爱吃鱼")

    def drink(self):
        print("小猫要喝水")


c = Cat()
c.eat()
c.drink()
```

运行结果：

```
小猫爱吃鱼
小猫要喝水
```

6.10.2　类的方法实践

从以下给出的信息中，用面向对象的方法描述小明爱跑步，爱吃东西。

（1）小明体重 75.0 千克。

（2）每次跑步会减肥 0.5 千克。

（3）每次吃东西体重会增加 1 千克。

程序 6-31：用面向对象的方法描述小明爱跑步，爱吃东西。

```python
class Person:

    def __init__(self, name, weight):
        self.name = name
        self.weight = weight

    def __str__(self):
        return "我的名字叫 %s 体重是 %.2f" % (self.name, self.weight)

    def run(self):
        print("%s 爱跑步" % self.name)
        self.weight -= 0.5

    def eat(self):
        print("%s 吃东西" % self.name)
        self.weight += 1


p = Person('小明', 75.0)
p.run()
p.eat()
print(p.weight)
```

运行结果：

```
小明 爱跑步
小明 吃东西
75.5
```

6.10.3　类的继承实践

用面向对象的方法描述人、老师以及学生的关系，其中人的特征有姓名、年龄、性别。老师的特征有姓名、年龄、性别、工资。老师的行为有教学。学生的特征有姓名、年龄、性别、学号、班级。学生的行为有学习。

程序 6-32：用面向对象的方法描述人、老师以及学生的关系。

```python
#人类
class HuMan:
    def __init__(self, name, age, gender):
        self.name = name
        self.age = age
        self.gender = gender


#老师类
class Teacher(HuMan):
```

```
    def __init__(self, name, age, gender, salary):
        super().__init__(self, name, age, gender)
        self.salary = salary

    def teach(self):
        print('teaching Python...')


#学生类
class Student(HuMan):
    def __init__(self, name, age, gender, student_id, class_no):
        super().__init__(self, name, age, gender)
        self.student_id = student_id
        self.class_no = class_no

    def study(self):
        print('learning Python...')
```

本 章 小 结

　　本章主要介绍了 Python 面向对象的基本知识，包括如何定义类，如何为类定义变量、方法，以及如何创建类的对象。本章详细介绍了 Python 的面向对象的三大特征：封装、继承和多态。本章也重点讲解了 Python 的多继承机制，并详细说明了多继承导致的问题和注意点。

习　　题

一、填空题

　　1. 面向对象的三大特征是＿＿＿＿＿＿＿、＿＿＿＿＿＿＿和＿＿＿＿＿＿＿。

　　2. 类由＿＿＿＿＿＿和＿＿＿＿＿＿两部分构成。

　　3. ＿＿＿＿＿＿的目的就是为了实现信息隐藏。

　　4. 继承的目的就是为了实现＿＿＿＿＿＿。

　　5. 在 Python 中，＿＿＿＿＿＿代表的是类的实例对象。

　　6. 在 Python 中，＿＿＿＿＿＿代表的是父类的对象。

　　7. 多态的两个前提条件是＿＿＿＿＿＿和＿＿＿＿＿＿。

　　8. Python 的属性可以分为＿＿＿＿＿＿和＿＿＿＿＿＿。

　　9. Python 使用＿＿＿＿＿＿关键字来定义类。

　　10. 定义类时，在一个方法前面使用＿＿＿＿＿＿进行修饰，则该方法属于类方法。

二、判断题

1. Python 的继承是单继承。（　　　）
2. 方法的重写指的是子类重新实现父类的方法。（　　　）
3. Python 是动态语言，可以动态添加或者删除属性和方法。（　　　）
4. Python 允许通过类名调用实例方法。（　　　）
5. 类是具体概念。（　　　）
6. 对象是抽象概念。（　　　）
7. 如果属性的名字以两个下画线（__）开始，就表示为私有属性。（　　　）
8. 继承就是子类共享父类的属性或方法。（　　　）
9. 在一个软件的设计与开发中，所有类名、函数名、变量名都应该遵循统一的风格和规范。（　　　）
10. Python 中没有严格意义上的私有成员。（　　　）

三、选择题

1. 下列说法不正确的是（　　　）。
   A. 类名需要是一个合法的标识符
   B. Python 的类名最好是由一个或多个有意义的单词连缀而成
   C. 每个单词首字母大写，其他字母全部小写
   D. 单词与单词之间最好使用分隔符
2. 下列说法正确的是（　　　）。
   A. 先有类，后有对象
   B. Python 不支持多继承
   C. 如果属性的名字以两个下画线（__）开头，则表示其是公有属性，没有以下画线开头的表示私有属性
   D. Python 必须使用 new 调用构造方法

四、简答题

1. 面向过程编程与面向对象编程的区别是什么？
2. 说说对面向对象三大特征的理解。

五、编程题

1. 请以动物类、鸟类以及狗类，表达它们之间的关系，写一段符合多态特征的代码。
2. 定义一个水果类，然后通过水果类，创建苹果对象、橘子对象、西瓜对象，并分别为它们添加上颜色属性。

第 7 章 模 块 与 包

学习目标

- ❏ 理解模块的内涵。
- ❏ 掌握导入和自定义模块的方法。
- ❏ 理解包的内涵。
- ❏ 掌握导入包的方法。

任务导入

场景 1：前面第 6 章在介绍面向对象时已经用到了 enum 模块，大家可能对模块这个概念感到很好奇，那什么是模块呢？

场景 2：在开发过程中，可能会开发很多源程序，那么对这些程序如何分类管理呢？

实际上，场景 1 中的模块就是 Python 程序。换句话说，任何 Python 程序都可以作为模块，包括在前面章节中写的所有 Python 程序，都可以作为模块。场景 2 中就会涉及使用包。

7.1 模 块

通常在开发过程中，随着程序功能的复杂，程序体积会不断变大，为了便于维护，通常会将其分为多个文件（模块），这样不仅可以提高代码的可维护性，还可以提高代码的可重用性。当编写好一个模块后，如果开发过程中需要用到该模块中的某个功能，就可以直接在程序中导入该模块，无须做重复性的编码工作。

Python 提供了强大的模块支持功能，主要体现在，不仅 Python 标准库中包含了大量的模块（称为标准模块），还有大量的第三方模块，开发者自己也可以开发自定义模块。通过这些强大的模块，可以极大地提高开发者的开发效率。从逻辑上来说，模块就是一组功能的组合；实质上一个模块就是一个包含了 Python 定义和声明的文件，文件名就是模块名字加上.py 的后缀。

使用模块有什么好处？首先，最大的好处是大大提高了代码的可维护性。其次，编写代码不必从零开始。当一个模块编写完毕，就可以在其他地方引用。程序员在编写程序时，也经常引用其他模块，包括 Python 内置的模块和来自第三方的模块。最后，使用模块还可以避免函数名和变量名冲突。相同名字的函数和变量完全可以分别存在于不同的模块中，因此，程序员在编写模块时，不必考虑名字会与其他模块冲突。但是也要注意，尽量不要与内置函数名字冲突。

如果不同的人编写的模块名相同怎么办？为了避免模块名冲突，Python 又引入了按目录来组织模块的方法，称为包（Package）。

7.1.1 导入模块

使用 Python 进行编程时，有些功能完全没必要由自己开发实现，可以借助 Python 现有的标准库或者第三方提供的第三方库。例如，开发过程中需要用到一些数学函数，如余弦函数 cos()、绝对值函数 fabs()等，它们位于 Python 标准库中的 math（或 cmath）模块中，只需要将此模块导入当前程序，就可以直接拿来使用。

前面章节中，已经看到使用 import 导入模块的语法，但实际上 import 还有更多详细的用法，主要有以下两种。

（1）import 模块名 1 [as 别名 1], 模块名 2 [as 别名 2],…

使用这种语法格式的 import 语句，会导入指定模块中的所有成员（包括变量、函数、类等）。不仅如此，当需要使用模块中的成员时，需用该模块名（或别名）作为前缀，否则 Python 解释器会报错。

（2）from 模块名 import 成员名 1 [as 别名 1],成员名 2 [as 别名 2],…

使用这种语法格式的 import 语句，只会导入模块中指定的成员，而不是全部成员。同时，当程序中使用该成员时，无须附加任何前缀，直接使用成员名（或别名）即可。

注意，用[ ]括起来的部分，可以使用，也可以省略。

程序 7-1：导入指定模块的最简单方法。

```
#导入 sys 整个模块
import sys

#使用 sys 模块名作为前缀来访问模块中的成员
print(sys.argv[0])
```

运行结果：

```
E:/python workspace/Python 程序设计教材/第 7 章/7-1.py
```

上面代码使用最简单的方式导入了 sys 模块，因此在程序中使用 sys 模块内的成员时，必须添加模块名作为前缀。

程序 7-2：导入整个模块时，为模块指定别名。

```
#导入 sys 整个模块，并指定别名为 s
import sys as s

#使用 s 模块别名作为前缀来访问模块中的成员
print(s.argv[0])
```

运行结果：

```
E:/python workspace/Python 程序设计教材/第 7 章/7-2.py
```

也可以一次导入多个模块，多个模块之间用逗号隔开。

程序 7-3： 一次导入多个模块。

```
#导入 sys、os 两个模块
import sys, os

#使用模块名作为前缀来访问模块中的成员
print(sys.argv[0])

#os 模块的 sep 变量代表平台上的路径分隔符
print(os.sep)
```

运行结果：

```
E:/python workspace/Python 程序设计教材/第 7 章/7-3.py
\
```

程序 7-4： 在导入多个模块的同时，为模块指定别名。

```
#导入 sys、os 两个模块，并为 sys 指定别名 s，为 os 指定别名 o
import sys as s, os as o

#使用模块别名作为前缀来访问模块中的成员
print(s.argv[0])
print(o.sep)
```

运行结果：

```
E:/python workspace/Python 程序设计教材/第 7 章/7-4.py
\
```

使用 from...import 最简单的语法来导入指定成员。

程序 7-5： from...import 使用举例。

```
#导入 sys 模块的 argv 成员
from sys import argv

#使用导入成员的语法，直接使用成员名访问
print(argv[0])
```

运行结果：

```
E:/python workspace/Python 程序设计教材/第 7 章/7-5.py
```

程序 7-6： 导入模块成员时，为成员指定别名。

```
#导入 sys 模块的 argv 成员，并为其指定别名 v
from sys import argv as v

#使用导入成员（并指定别名）的语法，直接使用成员的别名访问
print(v[0])
```

运行结果：

```
E:/python workspace/Python 程序设计教材/第 7 章/7-6.py
```

from…import 导入模块成员时，支持一次导入多个成员。

程序 7-7： 同时导入多个成员。

```
#导入 sys 模块的 argv、winver 成员
from sys import argv, winver

#使用导入成员的语法，直接使用成员名访问
print(argv[0])
print(winver)
```

运行结果：

```
E:/python workspace/Python 程序设计教材/第 7 章/7-7.py
3.7
```

一次导入多个模块成员时，也可指定别名，同样使用 as 关键字为成员指定别名。

程序 7-8： 导入多个模块成员时，指定别名。

```
#导入 sys 模块的 argv、winver 成员，并为其指定别名 v、wv
from sys import argv as v, winver as wv

#使用导入成员（并指定别名）的语法，直接使用成员的别名访问
print(v[0])
print(wv)
```

运行结果：

```
E:/python workspace/Python 程序设计教材/第 7 章/7-8.py
3.7
```

【小贴士】 不推荐使用 from import 导入模块所有成员。

7.1.2 自定义模块

前面介绍了如何导入一个模块，那么怎样自定义一个模块呢？前面讲过，Python 模块就是 Python 程序，换句话说，只要是 Python 程序，都可以作为模块导入。例如，程序 7-9 定义了一个简单的模块。

程序 7-9： 自定义模块。

```
name = "Python 语言"
url = "https://www.python.org"
print(name, url)


def say():
```

```python
    print("我要学 Python! ")


class MyLanguage:
    def __init__(self, name,url):
        self.name = name
        self.url = url

    def say(self):
        print(self.name, self.url)
```

请注意：程序 7-9 编写在 demo.py 文件中。

可以看到，在 demo.py 文件中放置了变量（name 和 url）、函数 say()以及一个 MyLanguage 类，该文件就可以作为一个模块。在此基础上，新建一个 test.py 文件，并在该文件中使用 demo.py 模块文件，即使用 import 语句导入 demo.py。

代码示例：

```python
import demo
```

注意，虽然 demo 模块文件的全称为 demo.py，但在使用 import 语句导入时，只需要使用该模块文件的名称即可。

使用模块的好处在于，如果将程序单元定义在模块中，后面不管哪个程序，只要导入该模块，就可使用该模块所包含的程序单元，这样就可以提供很好的代码复用，从而避免每个程序都需要重新定义这些程序单元 。

7.1.3　为模块编写说明文档

在定义函数或者类时，可以为其添加说明文档，以方便用户清楚地知道该函数或者类的功能。自定义模块也不例外，在实际开发中往往也应该为模块编写说明文档；否则，其他开发者将不知道该模块有什么作用，以及包含哪些功能。为模块编写说明文档很简单，只要在模块开始处定义一个字符串即可。例如，为 demo.py 模块文件添加一个说明文档：

```python
'''
demo 模块中包含以下内容：
name 字符串变量：初始值为"Python 语言"
url 字符串变量：初始值为"https://www.python.org"
say()函数
MyLanguage 类：包含 name 和 url 属性和 say()方法。
'''
```

在此基础上，可以通过模块的__doc__属性来访问模块的说明文档。例如，在 test.py 文件中添加如下代码：

```python
import demo

print(demo.__doc__)
```

运行结果：

```
Python 语言  https://www.python.org

demo 模块中包含以下内容：
name 字符串变量：初始值为"Python 语言"
url 字符串变量：初始值为"https://www.python.org"
say()函数
MyLanguage 类：包含 name 和 url 属性和 say()方法。
```

7.1.4　为模块编写测试代码

当模块编写完成之后，可能还需要为模块编写一些测试代码，用于测试模块中的每一个程序单元是否都能正常运行。

程序 7-10：在程序 7-9 基础上，为 demo.py 模块文件添加测试代码。

```
say()
langs = MyLanguage("java 语言", "https://www.oracle.com")
langs.say()
```

运行结果：

```
Python 语言  https://www.python.org
我要学 Python!
java 语言 https://www.oracle.com
```

通过观察模板中程序的执行结果可以断定，模板文件中包含的函数以及类是可以正常工作的。在此基础上，可以新建一个 test2.py 文件，并在该文件中使用 demo.py 模板文件，即使用 import 语句导入 demo.py。

```
import demo
```

此时，如果直接运行 test.py 文件，其执行结果还是：

```
Python 语言  https://www.python.org
我要学 Python!
java 语言 https://www.oracle.com
```

可以看到，当执行 test.py 文件时，它同样会执行 demo.py 中用来测试的程序，这显然不是想要的效果。正常的效果应该是，只有直接运行模板文件时，测试代码才会被执行；反之，如果是其他程序以引入的方式执行模板文件，则测试代码不应该被执行。

要实现这个效果，可以借助 Python 内置的__name__变量。当直接运行一个模块时，__name__变量的值为__main__；而将模块导入其他程序中并运行该程序时，处于模块中的__name__变量的值就变成了模块名。因此，如果希望测试函数只有在直接运行模块文件时才执行，则可在调用测试函数时增加判断，即只有当__name__=='__main__'时才调用测试函数，因此，可以修改 demo.py 模板文件中的测试代码。

程序 7-11：在程序 7-10 基础上，修改 demo.py 模板文件中的测试代码。

```
if __name__ == '__main__':
    say()
    langs = MyLanguage("java 语言","https://www.oracle.com")
    langs.say()
```

运行结果：

```
Python 语言  https://www.python.org
```

7.1.5　模块的__all__变量

模块的__all__变量，本质上是一个 string 元素组成的 list 变量，它定义了当使用 from \<module> import *导入某个模块时能导出的符号（这里代表变量、函数、类等）。

在默认情况下，如果使用"from 模块名　import *"这样的语句来导入模块，程序会导入该模块中所有不以下画线（单下画线"_"或者双下画线"__"）开头的程序单元；因此，如果不想模块文件中的某个成员被引入其他文件中使用，可以在其名称前添加下画线。

程序 7-12：创建 module01.py 和 test.py，执行 test.py，以下画线开头的成员不被导入。

```
#module01.py
def CLanguage():
    print("我学 CLanguage! ")


def JavaLanguage():
    print("我学 JavaLanguage! ")


#添加了下画线
def _PythonLanguage():
    print("我学 PythonLanguage! ")


#test.py
from module01 import *

CLanguage()
JavaLanguage()
PythonLanguage()
```

运行结果：

```
我学 CLanguage!
Traceback (most recent call last):
我学 JavaLanguage!
File "G:/data/test.py", line 5, in <module>
```

```
    PythonLanguage()
NameError: name 'PythonLanguage' is not defined
```

从运行结果可以看出，函数名称前添加下画线的没有被导入。

有时候模块中虽然包含很多成员，但并不希望每个成员都被暴露出来供外界使用，此时可借助于模块的__all__变量，将变量的值设置成一个列表，只有该列表中的程序单元才会被暴露出来。

程序 7-13：定义一个包含__all__变量的模块。

```python
#module01.py
def CLanguage():
    print("我学 CLanguage! ")


def JavaLanguage():
    print("我学 JavaLanguage! ")


#添加了下画线
def _PythonLanguage():
    print("我学 PythonLanguage! ")


__all__ = ["CLanguage", "JavaLanguage"]
```

可见，__all__变量只包含了 CLanguage()和 JavaLanguage()这两个函数名，而没有包含PythonLanguage()函数的名称。

再次声明，__all__变量仅限于在其他文件中以"from 模块名 import *"的方式引入。也就是说，如果使用以下两种方式引入模块，则__all__变量的设置是无效的。

（1）以"import 模块名"的形式导入模块。通过该方式导入模块后，总可以通过模块名前缀（如果为模块指定了别名，则可以使用模块的别名作为前缀）来调用模块内的所有成员（除了以下画线开头命名的成员）。

（2）以"from 模块名 import 成员"的形式直接导入指定成员。使用此方式导入的模块，__all__变量即便设置，也形同虚设。

7.1.6　查看模块内容

在导入模块之后，开发者往往需要了解模块包含哪些功能，例如，包含哪些变量、哪些函数、哪些类等，还希望能查看模块中各成员的帮助信息，掌握这些信息才能正常地使用该模块。

为了查看模块包含什么，可以通过如下两种方式。

1．使用 dir()函数

通过 dir()函数，可以查看某指定模块包含的全部成员（包括变量、函数和类）。注意，这里所指的全部成员，不仅包含可供调用的模块成员，还包含所有名称以双下画线（__）开头和结尾的成员，而这些"特殊"命名的成员，是为了在本模块中使用的，并不希望被其他文件调用。下面以导入 string 模块为例，string 模块包含操作字符串相关的大量方法，下面通过 dir() 函数查看该模块中包含哪些成员：

```
import string

print(dir(string))
```

运行结果：

```
['Formatter', 'Template', '_ChainMap', '_TemplateMetaclass', '__all__',
'__builtins__', '__cached__', '__doc__', '__file__', '__loader__', '__name__',
'__package__', '__spec__', '_re', '_string', 'ascii_letters', 'ascii_lowercase',
'ascii_uppercase', 'capwords', 'digits', 'hexdigits', 'octdigits', 'printable',
'punctuation', 'whitespace']
```

2. 使用模块本身提供的 __all__ 变量

除了使用 dir() 函数之外，还可以使用刚刚所学的 __all__ 变量，借助该变量也可以查看模块（包）内包含的所有成员。仍以 string 模块为例，如下所示：

```
import string

print(string.__all__)
```

运行结果：

```
['ascii_letters', 'ascii_lowercase', 'ascii_uppercase', 'capwords', 'digits',
'hexdigits', 'octdigits', 'printable', 'punctuation', 'whitespace', 'Formatter',
'Template']
```

7.2　包

实际开发中，一个大型的项目往往需要使用成百上千的 Python 模块，如果将这些模块都堆放在一起，势必不好管理。而且，使用模块可以有效避免变量名或函数名重名引发的冲突，但是如果模块名重复怎么办呢？因此，Python 提出了包（Package）的概念。

什么是包呢？可以这样简单理解，包就是文件夹，只不过在该文件夹下必须存在一个文件名为 __init__.py 的文件（这是 Python 2.x 的规定，而在 Python 3.x 中，__init__.py 对包来说，并不是必须的）。每个包的目录下都有一个 __init__.py 的模块，可以是一个空模块，可以写一些初始化代码，其作用就是告诉 Python 要将该目录当成包来处理。包是一个包含多个模块的文件夹，它的本质依然是模块，因此，包中也可以包含包。

7.2.1 定义包

在了解了包是什么之后,接下来学习如何定义包。定义包更简单,主要有两个步骤。

(1)新建一个文件夹,文件夹的名称就是新建包的包名。

(2)在该文件夹中,创建一个__init__.py 文件(前后各有两个下画线"__"),该文件中可以不编写任何代码。当然,也可以编写一些 Python 初始化代码,当有其他程序文件导入包时,会自动执行该文件中的代码。

例如,现在创建一个非常简单的包,该包的名称为 my_package,可以仿照以上两步进行。

(1)创建一个文件夹,其名称设置为 my_package。

(2)在该文件夹中添加一个__init__.py 文件,在此文件中也可以不编写任何代码。不过,这里向该文件编写如下代码:

```
'''
创建第一个 Python 包
'''
print('hello')
```

可以看到,__init__.py 文件中,包含了两个部分信息,分别是此包的说明信息和一条 print 输出语句。到此,就成功创建好了一个 Python 包。

创建好包之后,就可以向包中添加模块(也可以添加包)。这里给 my_package 包添加两个模块,分别是 module1.py、module2.py。各自包含的代码分别如下:

```
#module1.py 模块文件
def display(arc):
    print(arc)

#module2.py 模块文件
class PythonLanguage:
    def display(self):
        print("python")
```

现在,就创建好了一个具有如图 7-1 所示的文件结构的包。

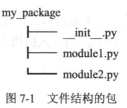

图 7-1 文件结构的包

7.2.2 导入包

在前面,已经知道了包其实本质上还是模块,因此导入模块的语法同样也适用于导入包。

无论导入自定义的包，还是导入从第三方下载的第三方包，导入方法可归结为以下 3 种。

　　（1）import 包名[.模块名 [as 别名]]

　　（2）from 包名 import 模块名 [as 别名]

　　（3）from 包名.模块名 import 成员名 [as 别名]

请注意：用[ ]括起来的部分，是可选部分，即可以使用，也可以直接忽略。

1．import 包名[.模块名 [as 别名]]

以前面创建好的 my_package 包为例，导入 module1 模块并使用该模块中成员可以使用如下代码：

```
import my_package.module1
my_package.module1.display("hello")
```

通过此语法格式导入包中的指定模块后，在使用该模块中的成员（包括变量、函数、类）时，需添加"包名.模块名"为前缀。当然，如果使用"as 给包名.模块名"起一个别名的话，就可以直接使用这个别名作为前缀使用该模块中的方法了，例如：

```
import my_package.module1 as module
module.display("hello")
```

另外，如果直接导入指定包时，程序会自动执行该包所对应文件夹下的__init__.py 文件中的代码。例如：

```
import my_package
my_package.module1.display("hello")
```

直接导入包名，并不会将包中所有模块全部导入程序中，它的作用仅仅是导入并执行包下的__init__.py 文件，因此，运行该程序，在执行__init__.py 文件中代码的同时，还会抛出 AttributeError 异常（访问的对象不存在）。

2．from 包名 import 模块名 [as 别名]

仍以导入 my_package 包中的 module1 模块为例，语法格式如下：

```
from my_package import module1
module1.display("hello")
```

可以看出，使用此语法格式导入包中模块后，在使用其成员时不需要带包名前缀，但需要带模块名前缀。当然，也可以使用 as 为导入的指定模块定义别名，例如：

```
from my_package import module1 as module
module.display("hello")
```

同样，既然包也是模块，那么这种语法格式自然也支持"from 包名 import *"这种写法，它和"import 包名"的作用一样，都只是将该包的__init__.py 文件导入并执行。

3．from 包名.模块名 import 成员名 [as 别名]

此语法格式用于向程序中导入"包.模块"中的指定成员（变量、函数或类）。通过该方式导入的变量（函数、类），在使用时可以直接使用变量名（函数名、类名）调用，例如：

```
from my_package.module1 import display
display("hello")
```

运行结果：

```
hello
hello
```

当然，也可以使用 as 为导入的成员起一个别名，例如：

```
from my_package.module1 import display as dis
dis("hello")
```

运行结果：

```
hello
hello
```

另外，在使用此种语法格式加载指定包的指定模块时，可以使用*代替成员名，表示加载该模块下的所有成员。例如：

```
from my_package.module1 import *
display("hello")
```

运行结果：

```
hello
hello
```

7.3 拓 展 实 践

7.3.1 模块定义和导入

（1）定义一个 cuboid 模块，模块中有 3 个变量长（long）、宽（wide）、高（high），数值自定义，有一个返回值为周长的 perimeter()方法，一个返回值为表面积的 area()方法。

程序 7-14： 定义 cuboid 模块。

```
long = 5
wide = 3
high = 4


def perimeter():
    return (long+wide+high)*4
```

```
def area():
    return long*wide*high
```

（2）定义一个用户文件 s1.py，在该文件中打印 cuboid 的长宽高，并获得周长和表面积，打印出来。

程序 7-15：定义用户文件 s1.py 并打印。

```
from cuboid import long, wide, high

print(long, wide, high)

import cuboid

rs1 = cuboid.perimeter()
rs2 = cuboid.area()
print(rs1, rs2)
```

运行结果：

```
5 3 4
48 60
```

7.3.2　导入模块时起别名

定义 s2.py 文件，导入 cuboid 模块时为模块起简单别名，利用别名完成 7.3.1 节中第（2）题的操作。

程序 7-16：利用别名完成第（2）题。

```
import cuboid as cub

print(cub.long, cub.high, cub.wide)
rs1 = cub.perimeter()
rs2 = cub.area()
print(rs1, rs2)
```

运行结果：

```
5 4 3
48 60
```

本 章 小 结

本章介绍了 Python 的模块和包，模块是使用 Python 进行模块化编程的重要方式，也是扩展 Python 功能的重要手段。大量第三方模块和库极大地扩展了 Python 语言的功能，形成了 Python 强大的生态圈。学习本章内容需要掌握导入模块的方式和导入模块的本质，也需要重点掌握自定义模块的语法，包括为模块编写说明文档和测试代码。此外，还需要重点理解包和模块的区别与联系，并掌握使用包管理模块的方式。

习　　题

一、填空题

1. Python 关键字中，用来引入模块的是_____。

2. 包目录下必须有一个_____文件。

3. 当直接运行一个模块时，__name__ 变量的值为_____。

4. 每个 Python 文件都可以作为一个模块，模块的名字就是_____的名字。

5. 为模块编写说明文档很简单，只要在模块开始处定义一个_____即可。

6. 可以通过模块的_____属性，来访问模块的说明文档。

7. 以 "from 模块名 import *" 形式导入的模块，当该模块设有_____变量时，只能导入该变量指定的成员，未指定的成员是无法导入的。

8. _____的名称就是新建包的包名。

二、判断题

1. 使用模块最大的好处是提高了代码的可维护性。（　　　）

2. 使用 Python 进行编程时，有些功能完全没必要由自己开发实现，可以借助 Python 现有的标准库或者其他人提供的第三方库。（　　　）

3. 部分 Python 模块就是 Python 程序，换句话说，不是所有的 Python 程序，都可以作为模块导入。（　　　）

4. 为模块编写说明文档很简单，只要在模块开始处使用特定的关键字即可。（　　　）

三、选择题

1. 导入 sys 整个模块，使用（　　　）。
   A．include sys
   B．using sys
   C．import sys
   D．都不是

2. 导入 sys 整个模块，并指定别名为 s，使用（　　　）。
   A．include sys as s
   B．using sys as s
   C．import sys as s
   D．都不是

3. 导入 sys 模块的 argv 成员，使用（　　　）。
   A．from sys import argv
   B．from sys include argv
   C．from sys.argv
   D．都不是

4．导入 sys 模块的 argv、winver 成员，使用（　　）。
　　A．from sys import argv, winver 　　　B．from sys include argv
　　C．from sys.argv，sys.winver 　　　　D．都不是
5．为了查看模块包含什么，使用（　　）。
　　A．dir() 　　　　　　　　　　　　　B．__all__变量
　　C．A 和 B 　　　　　　　　　　　　D．都不是

四、简答题

1．什么是模块，如何导入模块？
2．什么是包，如何定义包，如何导入包？

五、编程题

1．使用 os 模块的 mkdir()方法用来创建文件夹 PythonDir，使用 getcwd()方法得到当前目录并输出。
2．使用 os 模块的 listdir()方法用来获取当前路径下面的子目录列表，并使用 rmdir()方法来删除 PythonDir 文件夹。

第 8 章 异　　常

学习目标

- ☐ 辨析异常与错误。
- ☐ 掌握异常处理机制。
- ☐ 熟悉自定义异常。
- ☐ 了解异常处理规则。

任务导入

场景 1：当想要读取一个文件时，而那个文件却不存在，怎么办？抑或在程序执行时不小心把它删除了，该怎么办？

场景 2：如果程序中出现了一些无效的语句，该怎么办？

实际上，对于场景 1 的情形，可以通过使用异常来进行处理。对于场景 2，可以通过 raise 来获知哪里出现了错误（Error）。

8.1　异常与错误

开发者在编写程序时，难免会遇到错误，有的是因为开发者疏忽造成的语法错误，有的是程序内部隐含逻辑问题造成的数据错误，还有的是程序运行时与系统的规则冲突造成的系统错误等。总的来说，编写程序时遇到的错误可大致分为两类，分别为语法错误和运行时错误。

1．Python 语法错误

语法错误，也就是解析代码时出现的错误。当代码不符合 Python 语法规则时，Python 解释器在解析时就会报出 SyntaxError 语法错误，与此同时还会明确指出最早探测到错误的语句。例如：

```
print "Hello,World!"
```

Python 3 已不再支持上面这种写法，所以在运行时，解释器会报如下错误：

```
File "E:/python workspace/Python 程序设计教材/第 8 章/8-1.py", line 1
    print "Hello,World!"
                       ^
SyntaxError: Missing parentheses in call to 'print'. Did you mean print
("Hello,World!")?
```

语法错误多是开发者疏忽导致的，属于真正意义上的错误，是解释器无法容忍的；因此，只有将程序中的所有语法错误全部纠正，程序才能执行。

2．Python 运行时错误

运行时错误，即程序在语法上都是正确的，但在运行时发生了错误。例如：

```
a = 1 / 0
```

上面这句代码的意思是"用 1 除以 0，并赋值给 a"，因为 0 作为除数是没有意义的，所以运行后会产生如下错误：

```
Traceback (most recent call last):
  File "E:/python workspace/Python 程序设计教材/第 8 章/8-1.py", line 1, in
<module>
    a = 1 / 0
ZeroDivisionError: division by zero
```

以上运行输出结果中，前两段指明了错误的位置，最后一句表示出错的类型。在 Python 中，把这种运行时产生错误的情况叫作异常。

当一个程序发生异常时，代表该程序在执行时出现了非正常的情况，无法再执行下去。默认情况下，程序是要终止的。如果要避免程序退出，可以使用捕获异常的方式获取这个异常的名称，再通过其他的逻辑代码让程序继续运行，这种根据异常做出的逻辑处理叫作异常处理。

开发者可以使用异常处理全面地控制自己的程序。异常处理不仅能够管理正常的流程运行，还能够在程序出错时对程序进行必要的处理，大大地提高了程序的稳健性和人机交互的友好性。

8.2　异常处理机制

Python 的异常处理机制可以让程序具有极好的容错性，让程序更加稳健。Python 的异常机制主要依赖 try、except、else、finally 和 raise 这 5 个关键字，其中在 try 关键字后缩进的代码块简称 try 块，它里面放置的是可能引发异常的代码；在 except 后对应的是异常类型和一个代码块，用于表明该 except 块处理这种类型的代码块；在多个 except 块之后可以放一个 else 块，表明程序不出现异常时还要执行 else 块；最后还可以跟一个 finally 块，finally 块用于回收在 try 块里打开的物理资源，异常机制会保证 finally 块总被执行；而 raise 用于引发一个实际的异常，raise 可以单独作为语句使用，引发一个具体的异常对象。Python 的异常处理机制主要有以下几种。

8.2.1　使用 try...except 捕获异常

在 Python 中，用 try...except 语句块捕获并处理异常，语法格式如下：

```
try:
    可能产生异常的代码块
except [ (Error1, Error2, ... ) [as e] ]:
    处理异常的代码块 1
except [ (Error3, Error4, ... ) [as e] ]:
    处理异常的代码块 2
except [Exception]:
    处理其他异常
```

在该格式中，[]括起来的部分可以使用，也可以省略。其中各部分的含义如下。

（1）(Error1, Error2,...)、(Error3, Error4,...)：其中，Error1、Error2、Error3 和 Error4 都是具体的异常类型。显然，一个 except 块可以同时处理多种异常。

（2）[as e]：作为可选参数，表示给异常类型起一个别名 e，这样做的好处是方便在 except 块中调用异常类型。

（3）[Exception]：作为可选参数，可以代指程序可能发生的所有异常情况，其通常用在最后一个 except 块。

从 try except 的基本语法格式可以看出，try 块有且仅有一个，但 except 代码块可以有多个，且每个 except 块都可以同时处理多种异常。try except 语句的执行流程如下。

（1）首先执行 try 中的代码块，如果执行过程中出现异常，系统会自动生成一个异常类型，并将该异常提交给 Python 解释器，此过程称为捕获异常。

（2）当 Python 解释器收到异常对象时，会寻找能处理该异常对象的 except 块，如果找到合适的 except 块，则把该异常对象交给该 except 块处理，这个过程被称为处理异常。如果 Python 解释器找不到处理异常的 except 块，则程序运行终止，Python 解释器也将退出。

事实上，不管程序代码块是否处于 try 块中，甚至包括 except 块中的代码，只要执行该代码块时出现了异常，系统都会自动生成对应类型的异常。但是，如果此段程序没有用 try 包裹，又或者没有为该异常配置处理它的 except 块，则 Python 解释器将无法处理，程序就会停止运行；反之，如果程序发生的异常经 try 捕获并由 except 处理完成，则程序可以继续执行。

程序 8-1： 异常处理机制。

```
try:
    a = int(input("输入被除数："))
    b = int(input("输入除数："))
    c = a / b
    print("您输入的两个数相除的结果是：", c)
except (ValueError, ArithmeticError):
    print("程序发生了数字格式异常、算术异常之一")
except :
    print("未知异常")

print("程序继续运行")
```

运行结果：

> 输入被除数：a
> 程序发生了数字格式异常、算术异常之一
> 程序继续运行

上面程序中，第 6 行代码使用了(ValueError, ArithmeticError)来指定所捕获的异常类型，这就表明该 except 块可以同时捕获这两种类型的异常；第 8 行代码只有 except 关键字，并未指定具体要捕获的异常类型，这种省略异常类的 except 语句也是合法的，它表示可捕获所有类型的异常，一般会作为异常捕获的最后一个 except 块。

除此之外，由于 try 块中引发了异常，并被 except 块成功捕获，因此程序才可以继续执行，才有了"程序继续运行"的输出结果。

8.2.2　使用 try...except...else 捕获异常

在原本的 try...except 结构的基础上，Python 异常处理机制还提供了一个 else 块，也就是原有 try...except 语句的基础上再添加一个 else 块，即 try...except...else 结构。使用 else 包裹的代码，只有当 try 块没有捕获到任何异常时，才会得到执行；反之，如果 try 块捕获到异常，即便调用对应的 except 处理完异常，else 块中的代码也不会得到执行。

程序 8-2： else 的使用。

```
try:
    result = 20 / int(input('请输入除数:'))
    print(result)
except ValueError:
    print('必须输入整数')
except ArithmeticError:
    print('算术错误，除数不能为 0')
else:
    print('没有出现异常')

print("继续执行")
```

可以看到，在原有 try...except 的基础上，为其添加了 else 块。现在执行该程序。第一次运行，输入"4"，结果如下：

> 请输入除数:4
> 5.0
> 没有出现异常
> 继续执行

如上所示，当输入正确的数据时，try 块中的程序正常执行，Python 解释器执行完 try 块中的程序之后，会继续执行 else 块中的程序，继而执行后续的程序。读者可能会问，既然 Python 解释器按照顺序执行代码，那么 else 块有什么存在的必要呢？直接将 else 块中的代码编写在 try...except 块的后面，不是一样吗？当然不一样，现在再次执行上面的代码。

第二次运行，输入 a，结果如下：

```
请输入除数:a
必须输入整数
继续执行
```

可以看到，当试图进行非法输入时，程序会发生异常并被 try 捕获，Python 解释器会调用相应的 except 块处理该异常。但是异常处理完毕之后，Python 解释器并没有接着执行 else 块中的代码，而是跳过 else 去执行后续的代码。也就是说，else 的功能只有当 try 块捕获到异常时才能显现出来。在这种情况下，else 块中的代码不会得到执行的机会。而如果直接把 else 块去掉，将其中的代码编写到 try...except 的后面。

程序 8-3： 如果没有 else。

```
try:
    result = 20 / int(input('请输入除数:'))
    print(result)
except ValueError:
    print('必须输入整数')
except ArithmeticError:
    print('算术错误，除数不能为 0')

print('没有出现异常')
print("继续执行")
```

运行结果：

```
请输入除数:a
必须输入整数
没有出现异常
继续执行
```

可以看到，如果不使用 else 块，try 块捕获到异常并通过 except 成功处理，后续所有程序都会依次被执行。

8.2.3　使用 try...except...finally 捕获异常

Python 异常处理机制还提供了一个 finally 语句，通常用来为 try 块中的程序做扫尾清理工作。在整个异常处理机制中，finally 语句的功能是：无论 try 块是否发生异常，最终都要进入 finally 语句，并执行其中的代码块。

基于 finally 语句的这种特性，在某些情况下，当 try 块中的程序打开了一些物理资源（文件、数据库连接等）时，由于这些资源必须手动回收，而回收工作通常就放在 finally 块中。

【小贴士】 Python 垃圾回收机制，只能回收变量、类对象占用的内存，而无法自动完成类似关闭文件、数据库连接等类似的工作。

　　读者可能会问,回收这些物理资源,必须使用 finally 块吗? 当然不是,但使用 finally 块是比较好的选择。首先,try 块不适合做资源回收工作,因为一旦 try 块中的某行代码发生异常,则其后续的代码将不会得到执行;其次,except 和 else 也不适合,它们都可能不会得到执行。最后,finally 块中的代码,无论 try 块是否发生异常,该块中的代码都会被执行。

　　程序 8-4: finally 子句。

```
try:
    a = int(input("请输入 a 的值:"))
    print(20/a)
except:
    print("发生异常! ")
else:
    print("执行 else 块中的代码")
finally:
    print("执行 finally 块中的代码")
```

运行结果 1:

```
请输入 a 的值:4
5.0
执行 else 块中的代码
执行 finally 块中的代码
```

　　可以看到,当 try 块中代码为发生异常时,except 块不会执行,else 块和 finally 块中的代码会被执行。

　　再次运行程序,运行结果 2:

```
请输入 a 的值:a
发生异常!
执行 finally 块中的代码
```

　　可以看到,当 try 块中代码发生异常时,except 块得到执行,而 else 块中的代码将不执行,finally 块中的代码仍然会被执行。finally 块的强大还远不止此,即便当 try 块发生异常,且没有 except 块处理异常时,finally 块中的代码也会得到执行。

　　程序 8-5: finally 子句。

```
try:
    #发生异常
    print(20 / 0)
finally:
    print("执行 finally 块中的代码")
```

运行结果:

```
执行 finally 块中的代码
Traceback (most recent call last):
  File "E:/python workspace/Python 程序设计教材/第 8 章/8-5.py", line 3, in
<module>
```

```
print(20 / 0)
ZeroDivisionError: division by zero
```

可以看到，当 try 块中代码发生异常，导致程序崩溃时，在崩溃前 Python 解释器也会执行 finally 块中的代码。

在异常处理语法结构中，只有 try 块是必需的；也就是说，如果没有 try 块，则不能有后面的 except 块和 finally 块；except 块和 finally 块都是可选的，但 except 块和 finally 块至少出现其中之一，也可以同时出现；可以有多个 except 块，但捕获父类异常的 except 块应该位于捕获子类异常的 except 块的后面；不能只有 try 块而没有 except 块或者没有 finally 块，多个 except 块必须位于 try 块之后，finally 块必须位于所有的 except 块之后。

8.2.4　使用 raise 引发异常

Python 允许在程序中指定位置手动抛出一个异常，使用 raise 语句即可。读者可能会感到疑惑，即从来都是想方设法地让程序正常运行，为什么还要手动设置异常呢？首先要分清楚程序发生异常和程序执行错误，它们完全是两码事；程序由于错误导致的运行异常，是需要开发者想办法解决的；但还有一些异常，是程序正常运行的结果，例如，用 raise 手动引发的异常，语法格式如下：

```
raise [exceptionName [(reason)]]
```

其中，用[]括起来的为可选参数，其作用是指定抛出的异常名称，以及异常信息的相关描述。如果可选参数全部省略，则 raise 会把当前错误原样抛出；如果仅省略（reason），则在抛出异常时，将不附带任何的异常描述信息。也就是说，raise 语句有如下 3 种常用的用法。

（1）raise：单独一个 raise。该语句引发当前上下文中捕获的异常（例如，在 except 块中），或默认引发 RuntimeError 异常。

（2）raise 异常类名称：raise 后带一个异常类名称，表示引发执行类型的异常。

（3）raise 异常类名称（描述信息）：在引发指定类型的异常的同时，附带异常的描述信息。

手动让程序引发异常，很多时候并不是为了让其崩溃。事实上，raise 语句引发的异常通常用 try except(else finally)异常处理结构来捕获并进行处理。

程序 8-6： raise 抛出异常。

```
try:
    a = input("输入一个数: ")
    #判断用户输入的是否为数字
    if not a.isdigit():
        raise ValueError("a 必须是数字")
except ValueError as e:
    print("引发异常: ", repr(e))
```

运行结果：

输入一个数：a
引发异常： ValueError('a 必须是数字')

可以看到，当用户输入的不是数字时，程序会进入 if 判断语句，并执行 raise 引发的 ValueError 异常。但由于其位于 try 块中，因为 raise 抛出的异常会被 try 捕获，并由 except 块进行处理。因此，虽然程序中使用了 raise 语句引发异常，但程序的执行是正常的，手动抛出的异常并不会导致程序崩溃。

8.2.5　获取异常信息

在实际调试程序的过程中，有时只获得异常的类型是远远不够的，还需要借助更详细的异常信息才能解决问题。捕获异常时，有以下两种方式可获得更多的异常信息。

1. 使用 sys 模块中的 exc_info()方法

在模块 sys 中，有两个方法可以返回异常的全部信息，即 exc_info()和 last_traceback()，这两个函数有相同的功能和用法。以 exc_info()方法为例，exc_info()方法会将当前的异常信息以元组的形式返回，该元组中包含以下 3 个元素。

（1）type：异常类型的名称，它是 BaseException 的子类。

（2）value：捕获到的异常实例。

（3）traceback：是一个 traceback 对象。

程序 8-7： 异常提示信息。

```
#使用 sys 模块之前，需使用 import 引入
import sys
try:
    x = int(input("请输入一个除数："))
    print("30 除以", x, "等于",30/x)
except:
    print(sys.exc_info())
    print("其他异常...")
```

当输入 0 时，运行结果：

请输入一个除数：0
(<class 'ZeroDivisionError'>, ZeroDivisionError('division by zero'),
<traceback object at 0x0000000002757D88>)
　　其他异常...

输出结果中，抛出了异常的全部信息，这是一个元组，有 3 个元素，第 1 个元素是一个 ZeroDivisionError 类；第 2 个元素是异常类型 ZeroDivisionError 类的一个实例；第 3 个元素为一个 traceback 对象。其中，通过前两个元素可以看出抛出的异常类型以及描述信息，对于第 3 个元素，是一个 traceback 对象，无法直接看出有关异常的信息，还需要对其做进一步处理。

2．使用 traceback 模块中的相关函数

要查看 traceback 对象包含的内容，需要先引进 traceback 模块，此时获取的信息最全，与 Python 命令行运行程序出现错误信息一致。使用 traceback.print_exc()打印异常信息到标准错误，就像没有获取一样，或者使用 traceback.format_exc()将同样的输出获取为字符串。可以向这些函数传递各种各样的参数来限制输出，或者重新打印到像文件类型的对象。

程序 8-8：traceback 模块。

```
import traceback

try:
    1/0
except Exception as e:
    print("traceback.print_exc():", traceback.print_exc())
    print("traceback.format_exc():", traceback.format_exc())
```

运行结果：

```
Traceback (most recent call last):
  File "E:/python workspace/Python 程序设计教材/第 8 章/8-8.py", line 4, in
<module>
    1/0
ZeroDivisionError: division by zero
traceback.print_exc(): None
traceback.format_exc(): Traceback (most recent call last):
  File "E:/python workspace/Python 程序设计教材/第 8 章/8-8.py", line 4, in
<module>
    1/0
ZeroDivisionError: division by zero
```

8.3 自定义异常类

很多时候，程序可选择引发自定义异常，因为异常的类名通常也包含了该异常的有用信息。所以在引发异常时，应该选择合适的异常类，从而可以明确地描述该异常情况。在这种情形下，应用程序常常需要引发自定义异常。

用户自定义异常都应该继承 Exception 基类或 Exception 的子类，在自定义异常类时基本不需要书写更多的代码，只要指定自定义异常类的父类即可。下面程序创建了一个自定义异常类。

代码示例：

```
class SelfExceptionError(Exception):
    pass
```

上面程序创建了 SelfExceptionError 异常类，该异常类不需要类体定义，因此使用 pass 语句作为占位符即可。

【小贴士】由于大多数 Python 内置异常的名字都以"Error"结尾，所以，实际命名时尽量跟标准的异常命名一样。

　　需要注意的是，自定义一个异常类，通常应继承自 Exception 类（直接继承），当然也可以继承自那些本身就是从 Exception 类继承而来的类（间接继承 Exception 类）。虽然所有异常类同时继承自 BaseException 类，但它是为系统退出异常而保留的，假如直接继承 BaseException 类，可能会导致自定义异常不会被捕获，而是直接发送信号退出程序运行，这样就脱离了自定义异常类的初衷。另外，系统自带的异常只要触发会自动抛出（如 NameError、ValueError 等），但用户自定义的异常需要用户自己决定什么时候抛出。也就是说，自定义的异常需要使用 raise 手动抛出。

8.4　异常处理规则

　　成功的异常处理应实现如下 4 个目标：使程序代码混乱最小化；捕获并保留诊断信息；通知合适的人员；采用合适的方式结束异常活动。

1. 不要过度使用异常

过度使用异常主要表现在两个方面。

（1）把异常和普通错误混淆在一起，不再编写任何错误处理代码，而是以简单地引发异常来代替所有的错误处理。

（2）使用异常处理来代替流程控制。

　　对于完全已知的错误、普通的错误应该编写处理这种错误的代码，以增加程序的稳健性。只有对于外部的、不能确定和预知的运行时的错误才使用异常。异常处理机制的初衷是将不可预期异常的处理代码和正常的业务逻辑处理代码分离，因此绝不要使用异常处理来代替正常的业务逻辑判断。异常机制的效率比正常的流程控制效率低，所以不要使用异常处理来代替正常的程序流程控制。

2. 不要使用庞大的 try 块

　　当 try 块过于庞大时，就难免在 try 块后紧跟大量的 except 块才可以针对不同的异常提供不同的处理逻辑；在同一 try 块后紧跟大量 except 块则需要分析它们之间的逻辑关系，反而增加了编程复杂度。正确的做法是，把大块的 try 块分割成多个可能出现异常的程序段落，并把它们放在单独的 try 块中，从而分别捕获并处理异常。

3. 不要忽略捕捉到的异常

建议对异常采取适当措施，具体如下。

（1）处理异常。对异常进行合适的修复，然后绕过异常发生的地方继续运行，或者用别的数据进行计算，以代替期望的方法返回值，或者提示用户重新操作。总之，程序应该尽量修复异常，使程序能恢复运行。

（2）重新引发新异常。在当前运行环境下能做的事情尽量做完，然后进行异常转译，把异常包装成当前层的异常，重新传给上层调用者。

（3）在合适的层处理异常。如果当前层不清楚如何处理异常，就不要在当前层使用 except 语句来捕获该异常，让上层调用者来负责处理该异常。

8.5 拓 展 实 践

8.5.1 猜数字

计算机随机生成 1~100 随机数，由用户输入一个数字，计算机提示用户大或者小；猜错，继续提示；猜对，则程序终止。

程序 8-9：猜数字。

```python
import random

num = random.randint(0, 100)
print(num)
while True:
    try:
        guess = int(input("请输入一个1~100的随机数:"))
    except ValueError as err:
        print("Enter 1~100", err)
        continue
    if guess > num:
        print("%d greater random number" % guess)
    elif guess < num:
        print("%d smaller random number" % guess)
    else:
        print("guess bingo,game over!")
        break
print("\n")
```

运行结果 1：

```
请输入一个1~100的随机数:50
50 smaller random number


请输入一个1~100的随机数:70
70 greater random number


请输入一个1~100的随机数:60
60 smaller random number


请输入一个1~100的随机数:65
```

```
65 smaller random number

请输入一个 1~100 的随机数:68
68 smaller random number

请输入一个 1~100 的随机数:69
guess bingo,game over!
```

运行结果 2:

```
请输入一个 1~100 的随机数:a
Enter 1~100 invalid literal for int() with base 10: 'a'
请输入一个 1~100 的随机数:50
50 greater random number

请输入一个 1~100 的随机数:45
guess bingo,game over!
```

8.5.2　年龄异常判断

自定义年龄异常类（AgeError），要求检查年龄在 0~100 以内，并要求写一个人类（Person），当输入的年龄不合法时引发异常。

程序 8-10：年龄异常判断。

```python
class AgeError(Exception):
    def __init__(self, age):
        self.age = age

    def __str__(self):
        return "你的年龄不符合:%s" % self.age


class Person(object):
    def __init__(self, name, age):
        if 0 <= age < 100:
            self.name = name
            self.age = age
        else:
            raise AgeError(age)
```

本 章 小 结

本章主要介绍了 Python 异常处理机制的相关知识，Python 的异常处理主要依赖 try、

except、else、finally 和 raise 这 5 个关键字。本章详细讲解了这 5 个关键字的用法，还详细介绍了获取异常信息的处理方法，以及如何自定义异常类和使用 raise 手动抛出自定义异常。

习　　题

一、填空题

1. 编写程序时遇到的错误可大致分为两类，分别为_____和_____。
2. 程序中的异常，它指的是_____。
3. 在 Python 中，使用_____抛出异常。
4. 自定义异常都应该继承_____或它的子类。

二、判断题

1. 程序中异常处理结构在大多数情况下是没必要的。（　　）
2. 在 try...except...else 结构中，如果 try 块的语句引发了异常则会执行 else 块中的代码。（　　）
3. 异常处理结构中的 finally 块中代码仍然有可能出错从而再次引发异常。（　　）
4. 带有 else 子句的异常处理结构，如果不发生异常则执行 else 子句中的代码。（　　）
5. 异常处理结构也不是万能的，处理异常的代码也有引发异常的可能。（　　）
6. 在异常处理结构中，不论是否发生异常，finally 子句中的代码总是会执行的。（　　）

三、选择题

1. 使用 try...except...捕获异常时，except 什么时候执行（　　）。
   A．try 没发生异常时　　　　　　B．try 发生异常时
   C．无论是否发生异常　　　　　　D．都不是
2. 使用 try...except...finally 捕获异常时，finally 什么时候执行（　　）。
   A．try 没发生异常时　　　　　　B．try 发生异常时
   C．无论是否发生异常　　　　　　D．都不是
3. 使用 try...except...else 捕获异常时，else 什么时候执行（　　）。
   A．try 没发生异常时　　　　　　B．try 发生异常时
   C．无论是否发生异常　　　　　　D．都不是
4. 为了捕获两个异常，使用（　　）。
   A．try...except...　　　　　　B．try...except...finally
   C．try...except...finally　　　　D．try...except...except
5. 使用（　　）可以引发异常。

A. try　　　　　　　　　B. except

C. raise　　　　　　　　D. finally

四、简答题

1．异常与错误有什么区别？

2．Python 的异常处理机制主要有哪些？

五、编程题

1．在以只读的模式打开一个名称为 myfile.txt 的文件，试用 try...except 捕获文件不存在的异常情况。

2．输入两个整数，并把两个整数相除，试用 try...except...except 捕获输入数不是数字以及除数为零的两种异常情况。

第9章 文　　件

学习目标

- ❑ 掌握文件基础知识。
- ❑ 掌握文件的基本操作。
- ❑ 掌握文件夹的操作。
- ❑ 了解 os 基本模块。
- ❑ 掌握对 txt 文件的操作。

任务导入

计算机数据以文件的形式存在于各种物理设备中，包括硬盘、磁盘、光盘甚至网络系统等设备。操作系统主要通过文件管理功能对文件进行初步管理，常见的操作包括文件创建、读取、修改、写入、删除等操作。从软件编程的角度，是否可以通过程序编写完成文件的典型操作？答案是肯定的。本章主要介绍如何用 Python 语言完成文件夹以及文件的基本操作。

9.1　文件基础知识

文件指的是在外部存储介质上的一组相关信息的集合。存储的介质包括磁盘、光盘或者磁带。可以通过操作系统，编写程序将文件从外存读取到内存中，然后进行文件处理。不同的操作系统，其文件系统原理基本相似。但细节处理稍有差异。在 Windows 操作系统中，不同的文件类型的扩展名也是不同的。例如，文本文档的扩展名为 txt，图片文件的扩展名为 jpg，Python 文件的扩展名为 py 等。在 Linux 中，一切皆文件。对于 Python 而言，文件是一种类型对象。按照不同的标准，可以对文件进行不同的分类。

（1）根据介质不同，可以把文件分为普通文件和设备文件。普通文件指的是驻留在磁盘或者其他外部介质上的有序数据集；设备文件指的是与主机相连的各种外部设备，将外部设备当作文件来处理。

（2）根据文件的组织形式不同，可以将文件分为顺序读写文件和随机读写文件。顺序读写文件指按照文件从头到尾的顺序读出或者写入的文件；随机读写文件的每个记录长度是相同的，通过计算便可直接访问文件中的特定记录。这是一种跳跃式直接访问方式。

（3）按照文件存储形式的不同，可以将文件分为 ASCII 码文件和二进制文件。ASCII 码文件又称为文本文件。ASCII 码文件中每个字节存放一个 ASCII 代码，代表一个字符，此种存储方式便于输出显示；二进制文件中的数据按照内存中的二进制存储格式存放。这种存储形式节省存储单元。

9.2 文件的基本操作

任何类型的文件，其操作流程都是基本一致的。首先打开文件并创建文件对象，然后通过该文件对象对文件内容进行读取、写入、删除和修改等操作，最后关闭并保存文件内容。下面介绍文件的一些常用操作。

首先，在本地创建一个文本文件 information.txt，并分别将该文件放到当前目录和 d:\python 目录中，文件里面有如下内容：

```
Python!
C#!
We like python!
We like C#!
```

9.2.1 open()函数

Python 中的 open()函数用于打开一个文件，并返回文件对象，在对文件进行处理过程中都需要使用到这个函数，如果该文件不存在或者打开失败，系统就会抛出 FileNotFoundError 等错误提示异常。

open()函数的常用形式是打开的文件名（file）和模式（mode）两个参数，语法格式如下：

```
open(file, mode='r', buffering=-1, encoding=None, errors=None, newline=None,
closefd=True, opener=None)
```

【小贴士】使用 open()函数一定要确保关闭文件对象，即调用 close()方法。

参数说明如下。

❑ file：必需参数，文件的路径可以是相对路径或者绝对路径。

❑ mode：可选参数，文件的操作格式，其具体定义，如表 9-1 所示。

❑ buffering：可选参数，文件读写时的缓冲区。

❑ encoding：可选参数，文件字符的编码格式，一般使用 UTF-8。

❑ errors：可选参数，文件操作的报错级别。

❑ newline：可选参数，文件中对换行的区分符。

❑ closefd：可选参数，传入的 file 参数类型。它作为文件句柄传进来时，若退出文件不会对文件句柄进行关闭。如果传递的是文件名，此参数无效。

❑ opener：可选参数，设置自定义开启器，其返回值必须是一个打开的文件描述符。

表 9-1 open()函数的几种打开模式

模 式	打 开 方 式	函 数 描 述	适 用 文 件
t	默认文本模式	打开一个文件	一般用于文本文件
x	写模式	如果文件已存在，新建一个文件时会报错	一般用于文本文件
b	二进制模式	打开一个文件	一般用于文本文件
+	可读可写模式	打开一个文件进行更新	一般用于文本文件
r	只读模式	默认文件的指针在文件的开头	一般用于文本文件
rb	以二进制格式打开只读模式	默认文件的指针在文件的开头	一般用于非文本文件，如图片等
r+	读写模式	文件指针在文件的开头	一般用于文本文件
rb+	以二进制格式打开读写模式	文件指针在文件的开头	一般用于非文本文件，如图片等
w	只写模式	对已存在的文件则清空原内容从头开始编辑；文件不存在的新建再编辑	一般用于文本文件
wb	以二进制格式打开只写模式	对已存在的文件则清空原内容从头开始编辑；文件不存在的新建再编辑	一般用于非文本文件，如图片等
w+	读写模式	对已存在的文件则清空原内容从头开始编辑；文件不存在的新建再编辑	一般用于文本文件
wb+	以二进制格式打开读写模式	对已存在的文件则清空原内容从头开始编辑；文件不存在的新建再编辑	一般用于非文本文件，如图片等
a	写模式	对已存在的文件，文件指针初始位置在结尾处，新内容从原内容后接上写入；文件不存在的新建再编辑	一般用于文本文件
ab	以二进制格式打开写模式	对已存在的文件，文件指针初始位置在结尾处，新内容从原内容后接上写入；文件不存在的新建再编辑	一般用于文本文件
a+	读写模式	对已存在的文件，文件指针初始位置在结尾处，新内容从原内容后接上写入；文件不存在的新建再编辑	一般用于文本文件
ab+	以二进制格式打开读写模式	对已存在的文件，文件指针初始位置在结尾处，新内容从原内容后接上写入；文件不存在的新建再编辑	一般用于文本文件

【小贴士】默认为文本模式，如果要以二进制模式打开，加上 b，即使用 tb。

图 9-1 很好地总结了这几种模式。

下面看一个打开文件的例子。

程序 9-1：使用 open()函数的默认方式来打开文件。

```
f1=open("information.txt")              #打开当前目录中的文件
f2=open("d:\python\information.txt")    #打开指定目录下的文件
f1.close()
f2.close()
```

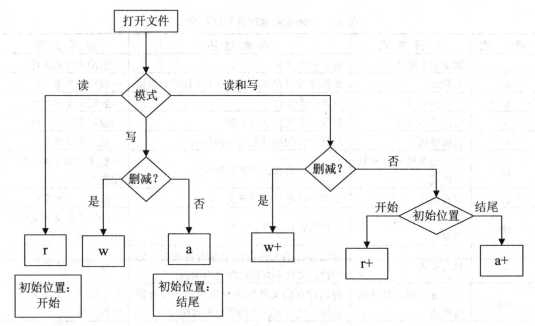

图 9-1　文件模式图

如果当前目录或者指定目录找不到 information.txt 文件，则系统会抛出错误。

打开文件时如果不指定打开模式，那么默认为 r，以只读形式打开文件。

程序 9-2：使用 open()函数的其他方式来打开文件。

```
f1=open("d:\python\information.txt")
print("文件打开模式为: ",f1.mode)
f1.close()                                    #关闭文件
f2=open("d:\python\information.txt","w")      #以文本写入方式打开
print("文件打开模式为: ",f2.mode)
f2.close()
```

运行结果：

```
文件打开模式为:  r
文件打开模式为:  w
```

9.2.2　close()方法

close()方法是 file 对象中的一种方法。file 对象是在使用 open()函数打开一个文件时创建，其 close()方法在每次关闭文件之前，会将缓冲区里还没写入的信息清空，文件关闭后便不允许写入了。每次在执行完对文件的操作时，都应该养成使用 close()方法关闭文件的好习惯。

close()方法的语法格式如下：

```
fileObject.close()
```

程序 9-3：关闭文件实例。

```
f1=open("d:\python\information.txt")
print("文件打开模式为: ",f1.mode)
f1.close()                                    #关闭文件
f2=open("d:\python\information.txt","w")      #以文本写入方式打开
print("文件打开模式为: ",f2.mode)
print("文件名: ", f2.name)
f2.close()
```

运行结果：

```
文件打开模式为:  r
文件打开模式为:  w
文件名:  d:\python\information.txt
```

程序 9-3 与程序 9-2 比较相似，多了一个输出文件名的语句。接下来，再来看一个打开文件并且输出结果的例子。

程序 9-4：读取文件实例。

```
f1=open("d:\python\information.txt")
for info in f1:
    print(info)
f1.close()                                    #关闭文件
```

运行结果：

```
Python!
C#!
We like python!
We like C#!
```

9.2.3   write()方法

write()方法可将任何字符串写入一个打开的文件，但它不会在写入的字符串结尾自动添加换行符，有需要结尾换行时可以在新写入的字符串末尾带上换行符（'\n'）。

write()方法的语法格式如下：

```
fileObject.write(string)
```

其中，被传递的参数 string 是将要写入已打开文件中的新内容。需要重点注意的是，Python 字符串不仅仅是文字，也可以是二进制数据。

程序 9-5：write()方法实例。

```
#此处需要写入的方式打开文件，否则后面的 write 语句会报错
f1=open("d:\python\information.txt","w")
f1.write("www.163.com!\nVery good site!\n")
#关闭打开的文件
```

```
    f1.close()
    #再读取文件内容
    f1=open("d:\python\information.txt")
    for info in f1:
        print(info)
    f1.close()                                      #关闭文件
```

运行结果:

```
www.163.com!
Very good site!
```

大家可能留意到，读取文件内容时并没有把 information.txt 之前的内容读取出来。这是因为使用 open()函数时文件打开模式为 w 模式，这会将文件原有的内容清空。如果需要保留原有的内容，需要使用追加模式来打开文件。

9.2.4　read()方法

read()方法是从文件中以字符串的形式读取数据。方法中如果给出具体参数时，则根据参数大小输出指定的字符数。同时，在执行完该方法后，记得以 close()方法结束。

read()方法的语法格式如下:

```
fileObject.read([count])
```

需要注意的是，方法中的参数为可选参数。如果使用该方法时未给出指定的字节数，将默认参数为-1，则会直接读取文件中的所有内容。

程序 9-6: 读取文件实例（这里仍然用前面创建的 information.txt 文件）。

```
#此处先给文件写入内容
f1=open("d:\python\information.txt","w")
f1.write("www.163.com!\nVery good site!\n")
f1.close()
#用 read()方法读取
#此处用了上下文管理语句 with
with open("d:\python\information.txt",mode='r') as f1:
    print(f1.read(13))                              #参数 13 为读取的字符个数
    print(f1.read(15))
```

运行结果:

```
www.163.com!
Very good site
```

9.2.5　readline()方法

readline()方法用于从文件中读取整行的内容，包括"\n"字符。具体来说，该方法就是从文件中获取每一个字符串，而每个字符串就是文件中的每一行。如果指定了一个非负数的参数，则返回指定大小的字节数，包括"\n"字符。

readline()方法的语法格式如下：

```
fileObject.readline()
```

程序 9-7： 使用 readline()方法读取文本文件。

```
#此处先给文件写入内容
f1=open("d:\python\information.txt","w")
f1.write("www.163.com!\nVery good site!\n")
f1.close()
#用 readline()方法读取
f1=open("d:\python\information.txt",mode='r')
print(f1.readline())                          #读取第一行
f1.close()
```

运行结果：

```
www.163.com!
```

9.2.6 readlines()方法

readlines()方法可以读取文件的全部内容。该方法的执行过程就是读取文件中的所有行（直到结束符 EOF）并返回列表，该列表可以用 Python 的 for...in...结构进行处理。数据读取过程中如果碰到结束符 EOF 则返回空字符串。

readlines()方法的语法格式如下：

```
fileObject.readlines()
```

程序 9-8： 使用 readlines()方法读取文本文件。

```
#此处先给文件写入内容
f1=open("d:\python\information.txt","w")
f1.write("www.163.com!\nVery good site!\n")
f1.close()
#用 readlines()方法读取
#打开文件
fo = open("d:\python\information.txt", "r")
print("文件名为: ",fo.name)
for line in fo.readlines():                    #依次读取每行
    line = line.strip()                        #去掉每行头尾空白
    print("读取的数据为: %s" % (line))
#关闭文件
fo.close()
```

运行结果：

```
文件名为： d:\python\information.txt
读取的数据为：www.163.com!
读取的数据为：Very good site!
```

9.3　os 模块与文件夹操作

os 模块是 Python 标准库中的一个用于访问操作系统功能的模块，使用 os 模块中提供的接口，可以实现跨平台访问。对于 os 模块的操作可以分为三大类。第一类是系统操作，第二类是文件目录操作，第三类是路径相关操作。os 模块提供了多种执行文件处理操作的方法，如重命名、删除文件、创建和更改目录等。因此，Python 内置的 os 模块也可以直接调用操作系统提供的接口函数来执行对目录和文件的操作。

（1）关于 os 模块常用的系统操作，如表 9-2 所示。

表 9-2　os 常用系统函数

函　数	描　述	参　数	返　回　值
os.sep()	用于系统路径的分隔符	无	无返回值
os.name()	表示正在使用的工作平台	无	返回当前操作系统类型的字符串
os.getnev()	用于读取环境变量	一个键值对，key 值和 value 值	存在则返回对应键值对，否则返回 None
os.getcwd()	用于获取当前路径	无	返回目录路径

程序 9-9：os 系统函数的应用。

```
import os
print(os.sep)
print(os.name)
print(os.getenv('path'))
print(os.getcwd())
```

运行结果：

```
\
nt
C:\Python27\Lib\site-packages\PyQt4
C:\Users\Administrator\PycharmProjects\untitled1
```

【小贴士】在不同的计算机中，得到上面现实的环境变量和当前路径不同，显示的运行结果也会有差异。

（2）关于 os 模块与目录相关的函数，如表 9-3 所示。

表 9-3　os 模块常用的目录函数

函　　数	描　　述	参　　数	返　回　值
os.getcwd()	获取当前的目录	无	返回当前工作目录
os.chdir(path)	变更当前的目录	路径参数	返回布尔类型
os.fchdir(fd)	通过文件描述符改变当前目录。与 chdir() 相似，但该函数是以文件描述符作为参数来表示目录	文件描述符	无返回值
os.chroot(path)	变更当前进程的根目录	路径参数	无返回值
os.listdir(path)	返回指定路径对应目录下的所有文件和子目录	路径参数	返回文件和文件夹列表
os.mkdir(path[, mode])	创建指定目录，其中 mode 用于指定该目录的权限，如 0o777 代表所有用户可读/可写/可执行	路径参数，模式参数	无返回值
os.makedirs(path[, mode])	它可以递归创建目录，作用类似于 mkdir()。不同的是该方法遇到所指定的目录中有不存在的目录时，会递归创建所有目录，而使用 mkdir() 会报错	路径参数，模式参数	无返回值
os.rmdir(path)	删除指定路径下的空目录。如果目录非空，则会抛出 OSError 异常	一个路径参数	无返回值
os.removedirs(path)	递归删除目录	路径参数	无返回值
os.rename(cur_file, new_file)	重命名文件或目录，将 cur_file 重命名为 new_file	两个路径参数	无返回值
os.renames(current, new)	对文件或目录进行递归重命名	两个路径参数	无返回值

（3）关于 os 模块中位于 os.path 下的函数均与路径相关，其中常用的函数，如表 9-4 所示。

表 9-4　os 路径相关函数

函　　数	作　　用	参　　数	返　回　值
os.path.exists()	判断文件是否存在	一个路径参数	返回布尔类型
os.path.isfile()	判断路径是否为文件	一个路径参数	返回布尔类型
os.path.isdir()	判断路径是否为目录	一个路径参数	返回布尔类型
os.path.idabs()	判断路径是否为绝对路径	一个路径参数	返回布尔类型
os.path.dirname()	去掉文件名	一个路径参数	返回路径的目录路径
os.path.basename()	提取目录的最后一部分	一个路径参数	返回路径的文件名
os.path.split()	分离目录名与文件名	一个路径参数	返回两个字符串，分别为目录名与文件名
os.path.splitext()	分离文件名与拓展名	一个路径参数	返回两个字符串，分别为目录名与文件名
os.path.getsize()	输出文件大小	一个路径参数	返回文件大小
os.path.join()	将目录和文件合并成一个路径	多个路径参数	返回合并的目录路径

续表

函　　数	作　　用	参　　数	返　回　值
os.path.getatime()	输入最近访问时间	一个路径参数	无返回值
os.getctime()	输出文件创建时间	一个路径参数	返回时间
os.getmtime()	输出文件最近修改时间	一个路径参数	返回时间
os.path.abspath()	输出绝对路径	一个路径参数	返回路径
os.path.normpath()	规范 path 字符串形式	一个路径参数	返回布尔类型

下面来看一个 os 的 path 的应用。

程序 9-10： os 模块与路径相关应用一。

```
import os
print(os.path.basename('/root/runoob.txt'))          #返回文件名
print(os.path.dirname('/root/runoob.txt'))           #返回目录路径
print(os.path.split('/root/runoob.txt'))             #分割文件名与路径
print(os.path.join('root', 'test', 'runoob.txt'))
#将目录和文件名合成一个路径
```

运行结果：

```
runoob.txt
/root
('/root', 'runoob.txt')
root\test\runoob.txt
```

程序 9-11： 文件路径应用二。

```
import os
import time
file = 'd:\python\information.txt'                   #文件路径
print(os.path.getatime(file))                        #输出最近访问时间
print(os.path.getctime(file))                        #输出文件创建时间
print(os.path.getmtime(file))                        #输出最近修改时间
print(time.gmtime(os.path.getmtime(file)))           #以 struct_time 形式输出最近
                                                     #修改时间
print(os.path.getsize(file))                         #输出文件大小（字节为单位）
print(os.path.abspath(file))                         #输出绝对路径
print(os.path.normpath(file))                        #规范 path 字符串形式
```

运行结果：

```
1613353973.23
1613353973.23
1613475008.611
time.struct_time(tm_year=2021, tm_mon=2, tm_mday=16, tm_hour=11, tm_min=30,
tm_sec=8, tm_wday=1, tm_yday=47, tm_isdst=0)
31
d:\python\information.txt
d:\python\information.txt
```

9.3.1　mkdir()函数

mkdir()函数是 os 模块中用来创建当前目录下的新目录的函数，使用时将新文件名作为参数传入即可。如果当前的目录有多级，则创建的是最后一级，如果最后一级目录的前一级目录不存在，则会抛出 OSError 异常。

mkdir()函数创建目录，语法格式如下：

```
os.mkdir("newdir")
```

其中，字符串 newdir 为当前目录下的新文件名，即新建的目录名，它可以是相对路径或者绝对路径。

程序 9-12：在当前目录下创建一个新目录 test。

```
import os
#在当前路径创建目录 test
os.mkdir("test")
```

运行成功后可以在当前路径看到新建了文件夹 test。

【小贴士】如果想确认自己项目的当前路径，可以使用 os.getcwd()操作来查看。

9.3.2　chdir()函数

chdir()函数用于改变当前工作目录到指定的路径。使用 chdir()函数时传入一个新目录，当前目录将修改为新目录，也可以使用 getcwd()函数来查看当前的工作目录。

chdir()函数和 getcwd()函数的语法格式如下：

```
os.chdir("newdir")
os.getcwd()
```

其中，更改当前目录名时，给出的新目录将替代当前原目录。

程序 9-13：变更并显示当前目录。

```
import os
print(os.getcwd())                          #打印出当前目录
#将当前目录改为"d:/python"
os.chdir("d:/python")                       #此处目录应存在，否则系统会报错
#给出当前的目录
print(os.getcwd())
```

运行结果：

```
C:\Users\Administrator\PycharmProjects\untitled1
d:\python
```

9.3.3　rmdir()函数

rmdir()函数是用来执行文件目录的删除操作，指定目录名称，并且在删除这个目录之前，文件中的所有内容应该先被清除。如果目录文件删除操作执行前，文件内容没有清空，则会抛出异常。

rmdir()函数的语法格式如下：

```
os.rmdir('dirname')
```

方法中需要指出要删除的文件名，如果不存在该文件夹，系统会抛出异常。

程序 9-14：删除目录实例。

```
import os
#删除当前路径下的 test 文件夹
os.rmdir("test")
```

运行完毕后会看到当前路径下的 test 文件夹已经被删除。如果再次运行该语句系统会报错，因为该文件夹已经被删除了。

9.3.4　rename()函数

在 Python 中文件的重命名可以使用 rename()函数，使用该函数时将当前的文件名和新文件名作为参数传入，即可完成文件的重命名操作。

rename()函数的语法格式如下：

```
os.rename(current_file_name, new_file_name)
```

需要注意的是，该函数中的参数位置不能颠倒，否则系统将抛出异常。

程序 9-15：将重命名一个已经存在的文件 test1.txt。

```
import os, sys
#列出目录
print("目录为: %s"%os.listdir(os.getcwd()))
#重命名
os.rename("text1.txt","text2.txt")
print("重命名成功。")
#列出重命名后的目录
print("目录为: %s" %os.listdir(os.getcwd()))
```

运行结果：

```
目录为: ['.idea', 'a', 'aa', 'aaa.py', 'aaaa.py', 'examp.py', 'information.
txt', 'text1.txt', ]
重命名成功。
目录为: ['.idea', 'a', 'aa', 'aaa.py', 'aaaa.py', 'examp.py', 'information.
txt', 'text2.txt', ]
```

通过运行结果列表可以看到，文件 text1.txt 已经被改名为 text2.txt。

9.3.5 remove()函数

在文件的操作中，remove()也是用来删除文件的，其使用方法与 rmdir()函数相似，需要提供要删除的文件名作为参数，但不同的是 rmdir()函数删除的是文件目录路径，而该方法删除的是给定的目录下的文件。

remove()函数的语法格式如下：

```
os.remove(file_name)
```

该函数下的参数只能是目录下存在的文件名，如果参数给出的是一个目录，则执行时会抛出异常。

程序 9-16：删除一个已经存在的文件 text2.txt。

```
import os, sys
#列出目录
print("目录为: %s"%os.listdir(os.getcwd()))
#重命名
os.remove("text2.txt")
print("文件删除成功。")
#列出重命名后的目录
print("目录为: %s" %os.listdir(os.getcwd()))
```

运行结果：

```
目录为: ['.idea', 'a', 'aa', 'aaa.py', 'aaaa.py', 'examp.py', 'information.txt',
'text2.txt']
文件删除成功。
目录为: ['.idea', 'a', 'aa', 'aaa.py', 'aaaa.py', 'examp.py', 'information.txt']
```

通过结果观察到当前路径下文件 text2.txt 已经被删除掉。

9.4 拓 展 实 践

9.4.1 文件应用实践一

写入并且读取 txt 文件。首先需要使用 open()函数打开 txt 文件，然后向文件中写入数据，再读取数据，最后关闭文件。

程序 9-17：文件读写实例。

```
#打开一个 txt 文件
1.file_handle=open('test.txt',mode='w')
#第一种写入方式: write 写入, \n 是换行符
2.file_handle.write('hello word 你好 \n')
```

#第二种写入方式：writelines()方法写入，将列表中的字符串写入文件中，但不会自动换行，如果需要换行，手动添加换行符，并且参数必须是一个只存放字符串的列表
```
3.file_handle.writelines(['hello\n','world\n','你好\n','广州\n','北京\n'])
```
#关闭文件
```
4.file_handle.close()
```
#读取刚才的文件内容，使用 r 模式打开文件，做读取文件操作
#打开文件的模式，默认就是 r 模式，如果只是读文件，可以不填写 mode 模式
```
5.file_handle=open('test.txt',mode='r')
```
#第一种读取方式：read(int)方法，读取文件内容。如果指定读取长度，会按照长度去读取，不指定默认读取所有数据
```
6.content=file_handle.read()
7.print(content)
```
#第二种读取方式：readline(int)方法，默认读取文件一行数据
```
8.content=file_handle.readline(20)
9.print(content)
```
#第三种读取方式：readlines()会把每一行数据作为一个元素放在列表中返回，读取所有行的数据
```
10.contents=file_handle.readlines()
11.print(contents)
```
#关闭文件
```
12.file_handle.close()
```

采用第一种方法读取数据，注释第 8~11 行。运行结果：

```
hello word 你好
hello
world
你好
广州
北京
```

采用第二种方法读取数据，注释第 6、7、10、11 行。运行结果：

```
hello word 你好
```

采用第三种方法读取数据，注释第 6~9 行。运行结果：

```
['hello word 你好 \n', 'hello\n', 'world\n', '你好\n', '广州\n', '北京\n']
```

9.4.2　文件应用实践二

假设文件 datas.txt 中有若干行整数，每行有一个整数。编写程序读取所有整数，将其按降序排列后再写入文本文件 data.txt 中，每行一个整数。

程序 9-18：整数排序。

```
#假设 datas.txt 里面的数据如下：1 4 2 5 2 7 4
with open('datas.txt','r') as f1:
    data=f1.readlines()                      #读取所有行，存入列表
data=[int(item) for item in data]            #列表推导式，转换为数字
data.sort(reverse=True)                      #降序排列
data=[str(item)+'\n' for item in data]       #将结果转换为字符串
```

```
with open('datas.txt','w') as f1:        #将结果写入文件
    f1.writelines(data)
f1=open("datas.txt","r")                 #重新读取并输出
print(f1.read())
f1.close()
```

运行结果：

```
7
5
4
4
2
2
1
```

通过运行结果，可以看到已经排好序的数字序列。

本 章 小 结

在本章内容中，主要介绍了 Python 在文件中的各种使用方法，熟悉掌握文件的操作，主要包括对文件的打开、读取、写入、关闭等函数与方法，同时也了解了 Python 中对 os 模块与文件夹目录的操作方法。在掌握了以上对文件的基本操作之后，便能够进一步掌握实际应用中对 txt 文件的读、写以及相关应用。

习 题

一、填空题

1．打开文件对文件进行读写，操作完成后应该调用_____方法关闭文件，以释放资源。

2．使用 readlines()方法把整个文件中的内容进行一次性读取，返回的是一个_____。

3．os 模块中的 mkdir()方法用于创建_____。

4．在读写文件的过程中，_____方法可以获取当前的读写位置。

5．对文件进行写入操作之后，_____方法用来在不关闭文件对象的情况下将缓冲区内容写入文件。

6．Python 内置函数_____用来打开或创建文件并返回文件对象。

7．Python 标准库 os 中用来列出指定文件夹中的文件和子文件夹列表的方法是_____。

8．Python 标准库 os.path 中用来判断指定文件是否存在的方法是_____。

9．Python 标准库 os.path 中用来判断指定路径是否为文件的方法是_____。

　　10．Python 标准库 os.path 中用来分割指定路径中的文件扩展名的方法是_____。

二、判断题

　　1．使用 print()函数无法将信息写入文件。（　　　）
　　2．对文件进行读写操作后必须显式关闭文件以确保所有内容都得到保存。（　　　）
　　3．Python 标准库 os 中的方法 startfile()可以启动任何已关联应用程序的文件，并自动调用关联的程序。（　　　）
　　4．二进制文件不能使用记事本程序打开。（　　　）
　　5．使用普通文本编辑器软件也可以正常查看二进制文件的内容。（　　　）
　　6．Python 标准库 os 中的方法 isfile()可以用来测试给定的路径是否为文件。（　　　）
　　7．Python 标准库 os 中的方法 isdir()可以用来测试给定的路径是否为文件夹。（　　　）
　　8．文件的 read()方法和 readline()方法基本相同。（　　　）
　　9．标准库 os 的 rename()方法可以实现文件移动操作。（　　　）
　　10．标准库 os 的 listdir()方法默认只能列出指定文件夹中当前层级的文件和文件夹列表，而不能列出其子文件夹中的文件。（　　　）

三、选择题

　　1．打开一个已有文件，然后在文件末尾添加信息，正确的打开方式为（　　　）。
　　A．'r'　　　　　　　　B．'w'　　　　　　　　C．'a'　　　　　　　　D．'w+'
　　2．假设文件不存在，如果使用 open()方法打开文件会报错，那么该文件的打开方式是（　　　）。
　　A．'r'　　　　　　　　B．'w'　　　　　　　　C．'a'　　　　　　　　D．'w+'
　　3．假设 file 是文本文件对象，下列选项中，（　　　）用于读取一行内容。
　　A．file.read()　　　B．file.read(200)　　　C．file.readline()　　　D．file.readlines(200)
　　4．下列方法中，用于向文件写内容的是（　　　）。
　　A．open()　　　　　　B．write()　　　　　　C．close()　　　　　　D．read()
　　5．语句 f=open('text.txt', 'w')打开文件的位置是在（　　　）。
　　A．C 盘根目录下　　　　　　　　　　　　B．D 盘根目录
　　C．Python 安装目录下　　　　　　　　　D．与源文件在相同的目录下

四、简答题

　　1．简述读取文件的几种方法的区别。
　　2．简述 os 模块的用法。

五、编程题

　　1．请将本地一个文本文件读为一个 str 并打印出来。
　　2．以"a"的模式打开文件进行追加，然后向该文件添加一些文本。

第 10 章　课程设计——商品库存管理

学习目标

- ❑ 实现 Python 基础语法的综合应用。
- ❑ 能够编制小型原型软件。
- ❑ 锻炼结构化编程能力。

任务导入

课程设计是学生综合运用课程所学知识解决实际问题的过程，对于加深对课程知识的理解、提高实践动手能力、培养创新意识等具有重要的作用。本章以商品库存管理系统为例，完成 Python 原型系统的代码编写。

10.1　需　求　分　析

进销存系统是为了对企业生产经营中进货、出货、批发销售、付款等流程进行全程跟踪、管理而设计的整套方案。现模拟商务企业的进销存管理流程，实现小型原型系统，对大量商品信息进行库存管理。商品库存管理系统应具备如下功能：录入商品、显示所有库存、查询商品、更新库存、删除商品、库存预警、库存排序。

本原型系统的软件开发及运行环境具体如下。

（1）操作系统：Windows 7、Windows 10。

（2）Python 版本：Python 3.7。

（3）开发工具：Pycharm 2019。

10.2　主界面设计

商品库存管理系统的主函数 main()，主要用于实现系统的主界面。在主函数 main() 中，调用 menu() 函数生成功能选择菜单，并且应用 if 语句控制各个子函数的调用，从而实现对商品信息的录入、查询、显示、修改、排序和统计等功能。

商品库存管理功能如图 10-1 所示，用户可以通过键盘输入数字选择相应的功能，运行结果如下。

```
欢迎进入商品库存管理系统：
        1.录入商品
```

```
        2.显示所有库存
        3.查询商品
        4.更新库存
        5.删除商品
        6.库存预警
        7.库存排序
        0.退出系统

请输入数字选择功能：
```

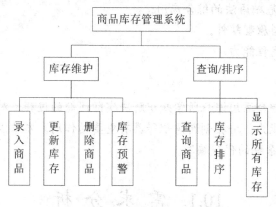

图 10-1　系统功能结构

10.3　各功能模块设计

1. 打印系统菜单

定义一个函数 main()，用于打印系统功能菜单供用户选择。涉及的 Python 语法有函数定义、函数调用、if 语句、while 循环。

程序 10-1：主函数。

```python
def main():
    while True:
        print('''欢迎进入商品库存管理系统：
            1.录入商品
            2.显示所有库存
            3.查询商品
            4.更新库存
            5.删除商品
            6.库存预警
            7.库存排序
            0.退出系统
            ''')
        selection = int(input("请输入数字选择功能："))
        if selection == 1:
            add_goods()
```

```
    elif selection == 2:
        show_goods()
    elif selection == 3:
        query()
    elif selection == 4:
        update()
    elif selection == 5:
        delete()
    elif selection == 6:
        alert()
    elif selection == 7:
        inventory_sort()
    elif selection == 0:
        break
    else:
        print("您的输入不正确，请重新输入")
```

2．录入商品功能

在系统主界面，用户输入数字 1，调用自定义函数 add_goods()。程序跳转到函数 add_goods()执行。一条完整的商品库存包括商品名称、商品进货数量、商品进货价和进货日期。由用户依次输入后，保存到文件 good.txt，注意输入时检查是否为正确的输入格式，商品名称为字符串类型，商品数量为整数类型，商品价格为实数类型，进货日期为日期时间类型。将商品的库存信息保存为 Python 的字典类型，含有前面所述的 4 组键值对。涉及的 Python 语法有异常处理、日期时间类 datetime、文件读写。

add_goods()函数最后调用的 save(good)函数将新录入的商品信息保存到文件 good.txt 中。函数的参数 good 为待保存的一条库存记录，其为 Python 的字典类型。save(good)函数首先判断 good.txt 文件是否存在；若不存在，则创建 good.txt 文件，并将 good 写入该文件。若 good.txt 文件已经存在，先判断要写入的商品是否已经存在，若已经存在，则提示用户使用更新库存功能更新商品库存等信息。若该商品不存在，将其追加保存到 good.txt。

程序 10-2：录入商品功能函数。

```
def add_goods():
    try:
        name = input("请输入商品名称：")
        quantity = int(input("请输入商品进货数量："))
        price = float(input("请输入进货价:"))
        date_str = input("请输入进货日期（如 2020-10-01）：")
        date_tmp = datetime.datetime.strptime(date_str, '%Y-%m-%d')
        date = str(date_tmp.date())
        good = {'name': name, 'quantity': quantity, 'price': price, 'date':
date}
        print('录入商品:',good)
        save(good)
    except:
        print("录入格式不正确")
```

```python
def save(good):
    path = pathlib.Path('good.txt')
    if not path.exists():
        f = open('good.txt', 'w')
        f.write(str(good) + '\n')
        f.close()
        return
    else:
        f = open('good.txt', 'r')
        good_list = f.readlines()
        f.close()

        for i in good_list:
            good_i = eval(i)
            if good['name'] == good_i['name']:
                print("该商品已经存在，请使用更新库存功能！")
                return
        print('good:', good)
        f = open('good.txt', 'a')
        f.write(str(good) + '\n')
        f.close()
```

运行程序，在显示系统主界面后，选择功能 1 "录入商品"，运行结果如下。

示例 1：

请输入数字选择功能：1
请输入商品名称：袋鼠女士手提包
请输入商品进货数量：100
请输入进货价：399
请输入进货日期（如 2020-10-01）：2020-10-01

录入一条"袋鼠女士手提包"商品记录，为简化起见，这里假定系统中同一种商品有一条记录，判断依据是商品名称。如果再次录入同样的商品，系统将提示"该商品已经存在"，如果需要补货，可以使用更新库存功能。运行结果如下。

示例 2：

请输入数字选择功能：1
请输入商品名称：袋鼠女士手提包
请输入商品进货数量：50
请输入进货价：399
请输入进货日期（如 2020-10-01）：2020-10-01
该商品已经存在，请使用更新库存功能！

3．显示所有库存功能

在系统主界面，用户输入数字 2，调用自定义函数 show_goods()。程序跳转到函数 show_goods()执行。显示所有库存的商品，该功能涉及的 Python 语法有 pathlib 系统库。先

判断 good.txt 文件是否存在，如果不存在，说明系统尚没有库存商品；否则，读取 good.txt
文件，格式化输出所有的库存商品信息。

程序 10-3：显示所有库存功能。

```python
def show_goods():
    path = pathlib.Path('good.txt')
    if not path.exists():
        print("没有库存商品！")
    else:
        f = open('good.txt', 'r')
        good_list = f.readlines()
        f.close()
        format_str_title = "{:^6}\t{:^6}\t{:^5}\t{:^4}\t{:^6}"
        i = 1
        print(format_str_title.format('序号', '商品名称', '数量', '进货价',
'进货日期'))
        format_str = "{:^6}\t{:^6}\t{:^6}\t{:^6}\t{:^6}"
        for good_i in good_list:
            good = eval(good_i)
            print(format_str.format(i, good['name'], good['quantity'],
good['price'], good['date'], ))
                i += 1
```

再录入一条金利来男士公文包商品，然后选择功能 2 "显示所有库存"，运行结果如下：

```
请输入数字选择功能：2
序号      商品名称        数量    进货价    进货日期
 1     袋鼠女士手提包      100    399.0    2020-10-01
 2     金利来男士公文包    100    499.0    2020-11-01
```

4．查询商品功能

在系统主界面，用户输入数字 3，调用自定义函数 query()。程序跳转到函数 query()执
行。首先判断 good.txt 文件是否存在，若不存在，输出"没有库存商品"提示。若 good.txt
文件存在，进行文件读操作，将库存商品信息读取到列表 good_list 中。提示用户"输入要
查询的商品名称"，遍历 good_list 列表，依次取出列表元素进行比较。如果找到要查询的
商品，将其格式化输出。

程序 10-4：查询商品功能。

```python
def query():
    path = pathlib.Path('good.txt')
    if not path.exists():
        print("没有库存商品！")
    else:
        f = open('good.txt', 'r')
        good_list = f.readlines()
        query_good = input("请输入要查询的商品名称：")
```

```
        format_str_title = "{:^6}\t{:^6}\t{:^5}\t{:^4}\t{:^6}"
        i = 1
        print(format_str_title.format('序号', '商品名称', '数量', '进货价',
'进货日期'))
        format_str = "{:^6}\t{:^6}\t{:^6}\t{:^6}\t{:^6}"
        for good_i in good_list:
            good = eval(good_i)
            if query_good == good['name']:
                print(format_str.format(i, good['name'], good['quantity'],
good['price'], good['date'], ))
            i += 1
        f.close()
```

运行程序，选择功能 3 "查询商品"，输入要查询的商品名称，运行结果如下：

```
请输入数字选择功能：3
请输入要查询的商品名称：袋鼠女士手提包
  序号        商品名称        数量      进货价        进货日期
   1       袋鼠女士手提包      100      399.0      2020-10-01
```

5. 更新库存功能

在系统主界面，用户输入数字 4，调用自定义函数 update()。程序跳转到函数 update() 执行。首先判断 good.txt 文件是否存在，若不存在，输出 "没有库存商品" 提示。若 good.txt 文件存在，进行文件读操作，将库存商品信息读取到列表 good_list 中。提示用户 "输入要修改的商品名称"，遍历 good_list 列表，依次取出列表元素进行比较。如果找到要查询的商品，重新录入该商品各项库存数据。最后进行文件写操作。

程序 10-5：更新库存功能。

```
def update():
    path = pathlib.Path('good.txt')
    if not path.exists():
        print("没有库存商品！")
        return
    else:
        f = open('good.txt', 'r')
        good_list = f.readlines()
        f.close()

        new_list = []
        update_good = input("请输入要更新库存的商品名称：")

        for good_i in good_list:
            good = eval(good_i)
            if update_good != good['name']:
                new_list.append(good)
            else:
                quantity = int(input("请输入商品补货数量："))
```

```
        good['quantity'] += quantity
        new_list.append(good)
        print('good', good)

    f = open('good.txt', 'w')
    for good in new_list:
        f.write(str(good) + '\n')
    f.close()
```

运行程序，选择功能 4 "更新库存"，输入要补货的商品名称，运行结果如下：

```
请输入数字选择功能：4
请输入要更新库存的商品名称：袋鼠女士手提包
请输入商品补货数量：50
```

再选择功能 2 "显示所有库存"，运行结果如下：

```
请输入数字选择功能：2
序号      商品名称        数量      进货价        进货日期
1        袋鼠女士手提包    150      399.0        2020-10-01
2        金利来男士公文包  200      499.0        2020-11-01
```

6. 库存预警功能

在系统主界面，用户输入数字 6，调用自定义函数 alert()。程序跳转到函数 alert()执行。首先判断 good.txt 文件是否存在，若不存在，输出 "没有库存商品" 提示。若 good.txt 文件存在，进行文件读操作，将库存商品信息读取到列表 good_list 中。获取当前日期，遍历good_list 列表，依次取出列表元素进行比较。判断商品的库存是否已满 30 天，将库存已满30 天的商品保存到列表 new_list。最后格式化输出 new_list，对库存已满 30 天的商品进行预警提示。

程序 10-6：库存预警功能。

```
def alert():
    path = pathlib.Path('good.txt')
    if not path.exists():
        print("没有库存商品！")
        return
    else:
        f = open('good.txt', 'r')
        good_list = f.readlines()
        f.close()

        new_list = []
        today = datetime.datetime.today()

        for good_i in good_list:
            good = eval(good_i)
            good_date = datetime.datetime.strptime(good['date'], '%Y-%m-%d')
            if today - good_date >= datetime.timedelta(days=30):
```

```
        new_list.append(good)

format_str_title = "{:^6}\t{:^6}\t{:^5}\t{:^4}\t{:^6}"
i = 1
print("库存超过 30 天的商品: ")
print(format_str_title.format('序号', '商品名称', '数量', '进货价',
'进货日期'))
format_str = "{:^6}\t{:^6}\t{:^6}\t{:^6}\t{:^6}"

for good in new_list:
    print(format_str.format(i, good['name'], good['quantity'], good
['price'], good['date'], ))
        i += 1
```

运行程序，选择功能 6 "库存预警"，输出库存超过 30 天的商品信息，运行结果如下：

库存超过 30 天的商品：

序号	商品名称	数量	进货价	进货日期
1	袋鼠女士手提包	150	399.0	2020-10-01
2	金利来男士公文包	200	499.0	2020-11-01

7. 删除商品功能

实现思路提示：在系统主界面，用户输入数字 5，调用自定义函数 delete()。程序跳转到函数 delete()执行。首先判断 good.txt 文件是否存在，若不存在，输出"没有库存商品"提示。若 good.txt 文件存在，进行文件读操作，将库存商品信息读取到列表 good_list 中。遍历 good_list 列表，依次取出列表元素进行比较，如果不是要删除的商品，将其存入 new_list 列表。最后进行文件写操作，将 new_list 写入 good.txt 文件。

【小贴士】具体代码请读者尝试自行编写、调试。

8. 库存排序功能

实现思路提示：在系统主界面，用户输入数字 7，调用自定义函数 inventory_sort()。程序跳转到函数 inventory_sort()执行。首先判断 good.txt 文件是否存在，若不存在，输出"没有库存商品"提示。若 good.txt 文件存在，进行文件读操作，将库存商品信息读取到列表 good_list 中。遍历 good_list 列表，依次取出列表元素，转换为字典类型，存入 new_list 列表。调用 sort()方法进行列表排序，排序依据为商品库存数量。最后格式化输出排序后的商品库存信息。

【小贴士】具体代码请读者尝试自行编写、调试。

本 章 小 结

本章的任务并不要求完整地实现一个库存管理系统，真实的项目需要考虑很多现实因素，工作量艰巨，超出了本书讨论的范畴。本章主要目的是综合运用 Python 程序设计的基础知识实现一个完整的项目，达到综合训练的效果。

习　　题

请自行网络调研，编制一个汽车电子产品管理的软件原型，思考如何用 Python 来实现，至少具备产品的增删改查功能。

习题参考答案

第 1 章

一、填空题

1. pip 2. # 3. 3 个单引号（'''）或 3 个双引号（"""）
4. IDE 5. pip；pip3 6. pip list
7. 对象 8. 2to3.py 9. !=
10. Unicode（UTF-8）

二、判断题

1. √ 2. × 3. × 4. × 5. ×
6. √ 7. × 8. √ 9. × 10. √

三、选择题

1. D 2. D 3. C

四、简答题

1. 编译型语言和解释型语言。
2. 大数据处理、人工智能、云计算、Web 程序开发、移动 App 开发等

五、编程题

1.

```
print("Hello everyone! I am a student.")
```

2.

```
print("* * * * * * *")
print("*          *")
print("* * * * * * *")
```

第 2 章

一、填空题

1．print；print()　　　2．type()　　　　　　3．整型　　　　4．int(a)
5．0b10100　　　　　　6．elif　　　　　　　　7．True　　　　8．continue

二、判断题

1．×　　2．√　　3．√　　4．√
5．×　　6．√　　7．√　　8．√

三、选择题

1．B　　2．B　　3．B　　4．A　　5．C　　6．A　　7．C　　8．C

四、简答题

1．（1）变量名只能是字母、数字和下画线的任意组合。
　　（2）变量名的第一个字符不能使用数字。
　　（3）关键字不能作为变量名。
　　（4）变量名单词不能过长；变量名单词不能词不达意
2．int（整型）、long（长整型）、float（浮点数）、complex（复数）
3．break 语句用于结束整个循环；continue 的作用是用来结束本次循环，紧接着执行下一次的循环。

五、编程题

1．

```
import math
a=float(input("请输入斜边 1 的长度"))    #输入实数
b=float(input("请输入斜边 2 的长度"))    #输入实数
c=a*a+b*b                                #计算，得到的是斜边的平方
c=math.sqrt(c)                           #开方，得到的是斜边长
print("斜边长为:",c)                     #显示，一项是字符串，一项是c表示的斜边长
```

2．

```
#用户输入
x = input('输入 x 值: ')
y = input('输入 y 值: ')
```

```
#不使用临时变量
x,y = y,x
print('交换后 x 的值为: {}'.format(x))
print('交换后 y 的值为: {}'.format(y))
```

3.

```
total=0
for i in range(1,5):
    for j in range(1,5):
        for k in range(1,5):
            if i!=j and j!=k and k!=i:
                print(i,j,k)
                total+=1
print(total)
```

第 3 章

一、填空题

1. 'hello world!'　　　　2. −1　　　　　　3. 'ab:efg'
4. −1　　　　　　　　　5. 3　　　　　　　6. ['abc', 'efg']
7. '1:2:3:4:5'　　　　　8. 'a,b,ccc,ddd'　　9. 'HELLO WORLD'
10. 回车换行

二、判断题

1. √　　2. √　　3. √　　4. ×　　5. ×　　6. √　　7. √　　8. √

三、选择题

1. D　　2. A　　3. C　　4. A　　5. C

四、简答题

1. 正则表达式（Regular Expression）是一个特殊的字符序列，包括普通字符（如 a～z）和特殊字符（称为"元字符"），它能帮助开发者方便地检查一个字符串是否与某种模式匹配。正则表达式使用单个字符串来描述、匹配一系列匹配某个句法规则的字符串。

2. 在 Python 中，当需要在字符串中使用特殊字符时，用反斜线"\"来转义字符。

例如，字符串中包含单引号或双引号时，除了之前讲过的使用不同引号将字符串括起来外，还可以在引号前面添加反斜线"\"，对引号进行转义。

五、编程题

1.

```
l=['dxx','wyx','jgx','jmx','zwx','ggx','ggjyb','flx']
l.sort()
print(l)
```

2.

```
s1='guangdongxingzhengzhiyexueyuan'
s2='dong'
s3='zheng'
print("子串1所在的位置为：",s1.find(s2))
print("子串2所在的位置为：",s1.find(s3))
```

3.

```
weekT={'h':'thursday',
       'u':'tuesday'}
weekS={'a':'saturday',
       'u':'sunday'}
week={'t':weekT,
     's':weekS,
     'm':'monday',
     'w':'wensday',
     'f':'friday'}
a=week[str(input('请输入第一位字母:')).lower()]
if a==weekT or a==weekS:
    print(a[str(input('请输入第二位字母:')).lower()])
else:
    print(a)
```

第4章

一、填空题

1. （有序）   2. ['1', '2', '3']   3. None
4. [6, 7, 9, 11]   5. [5 for i in range(10)]   6. (3, 3, 3)
7. (1, 2, 3, 4, 5)   8. 逗号；冒号   9. get()
10. in   11. [4, 5]

二、判断题

1. √   2. √   3. √   4. √   5. √
6. √   7. √   8. ×   9. ×   10. √

三、选择题

1. D　　 2. C　　 3. D　　 4. D　　 5. C

四、简答题

1. Python 中的集合类型数据结构是将各不相同的不可变数据对象无序地集中起来的容器，就像是将值抽离，仅存在键的字典。类似于字典中的键，集合中的元素都是不可重复的，并且可以是不可变类型，元素之间没有排列顺序。集合的这些特性，使得它独立于序列和映射类型之外，Python 中的集合类型就相当于数学集合论中所定义的集合，可以对集合对象进行数学集合运算（并集、交集、差集等）。

2. 元组与列表非常相似，都是有序元素的序列，元组也可以包含任意类型的元素。与列表不同的是，元组是不可变的，也就是说元组一旦创建之后就不能修改，即不能对元组对象中的元素进行赋值修改、增加、删除等操作。列表的功能非常强大，列表允许任意修改列表中的元素，例如，插入一个元素或删除一个元素，原地排序等。列表的可变性可以方便地处理复杂的问题，例如更新动态数据等，但有时候可能不希望某些处理过程修改对象的内容，例如，敏感数据需要保护，这时就需要用到元组，因为元组具有不可变性。

五、编程题

1.

```
d = {1:'a', 2:'b', 3:'c', 4:'d'}
v = input('Please input a key:')
v = eval(v)
print(d.get(v,'您输入的的键不存在'))
```

2.

```
import random
x = [random.randint(0,100) for i in range(1000)]
d = set(x)
for v in d:
    print(v, ':', x.count(v))
```

第 5 章

一、填空题

1. type()　　　　 2. id()　　　　 3. 1:2:3　　　　 4. [2, 33, 111]

5. [111, 33, 2]　　 6. len()　　　 7. max()　　　　 8. min()

9. sum()　　　　　　10. [1, 2, 3]　　　11. 8

二、判断题

1. √　　2. √　　3. ×　　4. ×　　5. √　　6. √
7. √　　8. √　　9. √　　10. ×　　11. √　　12. ×

三、选择题

1. D　　2. A　　3. B　　4. C　　5. A

四、简答题

1. 所谓递归，就是函数内部调用自身，即函数自己调用自己。
递归函数的语法格式如下：

```
def <函数名>():
    return <函数名>()
```

　　函数调用自己，理论上可以无限调用下去吗？和死循环一样，显然不可能。每次调用函数会用掉一点内存，内存是有限的，当足够多的函数调用发生后，内存空间几乎被占满，程序就会报异常。无穷递归现实上行不通，实际上递归的执行过程，背后利用了数据结构中的栈（stack）来处理递归函数返回的数据。实现递归函数的一个必要条件是要有终止条件，否则栈就会溢出。通过递归可以实现很多经典的算法，如阶乘、斐波那契数列等。
　　2. 匿名函数就是没有实际名称的函数。Python 允许使用 lambda 语句来创建匿名函数。函数没有名称会是好事情吗？这里的理由是，编程时如果需要定义一个功能简单但不经常使用的函数来执行脚本，那就适合采用匿名函数。用 lambda 语句创建的匿名函数，不需要函数的定义过程，也不需要考虑函数命名，代码简洁、程序可读性良好。
　　语法格式如下：

```
lambda <形式参数列表>:表达式
```

　　Lambda 语句使用冒号来分隔函数参数与返回值；冒号前面是函数参数,若有多个参数,需使用逗号隔开；冒号后面是一个表达式,不需要使用代码块。

五、编程题

1.

```
def leap_year(year):
    if (year%4==0 and year%100!=0) or year%400==0:
        print(year, "是闰年")
    else:
        print(year, "不是闰年")
```

```
temp = int(input("请输入年份："))
leap_year(temp)
```

2.

```
import math
def IsPrime(v):
    n = int(math.sqrt(v)+1)
    for i in range(2,n):
        if v%i==0:
            return 'No'
        else:
            return 'Yes'

print(IsPrime(37))
print(IsPrime(60))
print(IsPrime(113))
```

3.

```
def demo(v):
    capital = little = digit = other =0
    for i in v:
        if 'A'<=i<='Z':
            capital+=1
        elif 'a'<=i<='z':
            little+=1
        elif '0'<=i<='9':
            digit+=1
        else:
            other+=1
    return (capital,little,digit,other)

x = 'capital = little = digit = other =0'
print(demo(x))
```

第 6 章

一、填空题

1. 封装；继承；多态　　2. 属性；方法　　　　3. 封装
4. 类的复用　　　　　　5. self　　　　　　　6. super
7. 继承；重写　　　　　8. 实例属性；类属性　9. class
10. @classmethod

二、判断题

1. × 2. √ 3. √ 4. √ 5. ×
6. × 7. √ 8. √ 9. √ 10. √

三、选择题

1. D   2. A

四、简答题

1. 面向过程的程序设计的核心是过程，过程即解决问题的步骤。它的优点是：极大地降低了写程序的复杂度，只需要顺着要执行的步骤，堆叠代码即可，性能比面向对象高。它的缺点是：没有面向对象易维护、易复用、易扩展。

面向对象的核心是对象，面向对象编程中，将函数和变量进一步封装成类，类才是程序的基本元素，它将数据和操作紧密地连结在一起，并保护数据不会被外界的函数意外地改变。类和类的实例（也称对象）是面向对象的核心概念，是与面向过程编程的根本区别。它的优点是：易维护、易复用、易扩展，由于面向对象有封装、继承、多态性的特性，可以设计出低耦合的系统。

2. 封装：减少了大量的冗余代码，封装将复杂的功能封装起来，将描述事物的数据和操作封装在一起，形成一个类；被封装的数据和操作只有通过提供的公共方法才能被外界访问（封装隐藏了对象的属性和实施细节），增加了数据的安全性。

继承：减少了类的冗余代码，让类与类之间产生关系，为多态打下基础。

多态：前提条件是要有继承，从而实现不同对象调用相同的方法，进而有不同的行为。

五、编程题

1.

```
class Animal:
    def __init__(self, name):
        self.name = name
    def talk(self):
        print('%s 动物叫' % self.name)


class Bird(Animal):
    def talk(self):
        print('%s 鸟叫' % self.name)


class Dog(Animal):
    def talk(self):
        print('%s 汪汪' % self.name)
```

```
animal = Animal("动物名")
animal.talk()
animal = Bird("报喜鸟")
animal.talk()
animal = Dog("牧羊犬")
animal.talk()
```

2.

```
#水果类
class Fruits(object):
    pass

#苹果对象
apple = Fruits()
apple.color = "red"

#橘子对象
tangerine = Fruits()
tangerine.color = "orange"

#西瓜对象
watermelon = Fruits()
watermelon.color = "green"
```

第 7 章

一、填空题

1. import　　2. _init_.py　　3. __main__　　4. Python 文件
5. 字符串　　6. __doc__　　7. __all__　　8. 文件夹

二、判断题

1. √　　2. √　　3. ×　　4. ×

三、选择题

1. C　　2. C　　3. A　　4. A　　5. C

四、简答题

1. 在开发过程中，随着程序功能的复杂，程序体积会不断变大，为了便于维护，通常会将其分为多个文件，也就是模块；这样不仅可以提高代码的可维护性，还可以提高代码的可重用性。当编写好一个模块后，如果开发过程中需要用到该模块中的某个功能，就可以直接在程序中导入该模块，不需要做重复性的编码工作。

导入模块的方式，主要有以下两种。

（1）import 模块名 1 [as 别名 1], 模块名 2 [as 别名 2],…

使用这种语法格式的 import 语句，会导入指定模块中的所有成员（包括变量、函数、类等）。不仅如此，当需要使用模块中的成员时，需用该模块名（或别名）作为前缀；否则，Python 解释器会报错。

（2）from 模块名 import 成员名 1 [as 别名 1], 成员名 2 [as 别名 2],…

使用这种语法格式的 import 语句，只会导入模块中指定的成员，而不是全部成员。同时，当程序中使用该成员时，无须附加任何前缀，直接使用成员名（或别名）即可。注意，用[ ]括起来的部分，可以使用，也可以省略。

2．包就是文件夹，只不过在该文件夹下必须存在一个文件名为__init__.py 的文件（这是 Python 2.x 的规定，而在 Python 3.x 中，__init__.py 文件对包来说，并不是必须的）。

定义包主要按以下两步进行。

（1）创建一个文件夹，其名称设置为 my_package。

（2）在该文件夹中添加一个__init__.py 文件，在此文件中也可以不编写任何代码。

导入包的方法主要有以下 3 种。

（1）import 包名[.模块名 [as 别名]]

（2）from 包名 import 模块名 [as 别名]

（3）from 包名.模块名 import 成员名 [as 别名]

五、编程题

1.

```
import os
os.mkdir("PythonDir")
curdir = os.getcwd()
print(curdir)
```

2.

```
import os
ls = os.listdir("./")
print(ls)
os.rmdir("PythonDir")
```

第 8 章

一、填空题

1．语法错误；运行时错误　　　2．运行时产生的错误

3．raise　　　　　　　　　　　4．Exception 基类

二、判断题

1. ×　　2. ×　　3. √　　4. √　　5. √　　6. √

三、选择题

1. B　　2. C　　3. A　　4. D　　5. C

四、简答题

1. 开发人员在编写程序时，难免会遇到错误，总的来说，编写程序时遇到的错误可大致分为两类，即语法错误和运行时错误。

异常是由错误产生的。即便 Python 程序的语法是正确的，但在运行它的时候，也有可能发生错误，程序运行期检测到的错误被称为异常。

2. （1）使用 try...except 捕获异常。

（2）使用 try...except...else 捕获异常。

（3）使用 try...except...finally 捕获异常。

（4）使用 raise 引发异常。

五、编程题

1.

```
try:
    f = open("myfile.txt","r")
except FileNotFoundError:
    print("打开的文件不存在!")
```

2.

```
try:
    num1 = int(input("请输入第一个数："))
    num2 = int(input("请输入第二个数："))
    result = num1/num2
except ZeroDivisionError:
    print("除数不能为零！")
except ValueError:
    print("只能输入数字！")
```

第 9 章

一、填空题

1. close()　　2. 列表　　3. 文件夹　　4. tell()　　5. flush()

6. open()   7. listdir()   8. exists()   9. isfile()   10. splitext()

二、判断题

1. ×   2. √   3. √   4. ×   5. ×
6. √   7. √   8. ×   9. ×   10. √

三、选择题

1. C   2. A   3. C   4. B   5. D

四、简答题

1. （1）使用 read(size)方法可以指定读取的字节数或者读取整个文件。
   （2）使用 readlines()方法可以把整个文件的内容进行一次性读取。
   （3）使用 readline()方法一行一行读数据。
2. （1）获取当前所在路径及路径下的文件。
   ❑ os.getcwd()：获取当前路径，返回字符串。
   ❑ os.listdir(path)：列举路径下所有文件，返回列表类型（用来判断文件夹是否为空）。
   ❑ os.path.abspath(path)：返回 path 绝对路径，path 为"."，表示当前目录；".."表示上一级目录。
   ❑ os.path.dirname(path)：返回 path 中的文件夹部分，结果不包含'\'。
   ❑ os.path.basename(path)：返回 path 的文件名。
   （2）路径分解 split，路径拼接 join。
   ❑ os.path.split(path)：将路径分解为文件名、文件夹，返回元组类型。
   ❑ os.path.join(path1,path2,...)：将 path 进行组合；若有绝对路径，之前的 path 将被删除。
   （3）查看文件是否存在，创建目录。
   ❑ os.path.exists(path)：判断文件/文件夹是否存在，返回 True 或 False。
   ❑ os.makedirs(path)：创建多层目录，递归创建。
   ❑ os.mkdir(path)：一级一级创建目录，前提是前面目录已存在，不存在会报异常。
   ❑ os.remove(path)：删除指定的文件。
   ❑ os.rmdir(path)：删除文件夹（文件夹是空的才会被删除，如果不是空的会报错）。
   ❑ os.path.isfile(path)：判断 path 是否是文件。
   ❑ os.path.isdir(path)：判断 path 是否是目录。

五、编程题

1.

```
f=open('information.txt','r')
while 1:
```

```
    content=f.readlines()
    for i in content:
        if (i[0] == '#'):
            continue
        else:
            print(i)
            break
f.close()
```

2.

```
f = open("information.txt", "a")
f.write("See you soon!")
f.close()
#open and read the file after the appending:
f = open("information.txt", "r")
print(f.read())
f.close()
```

参考答案

参 考 文 献

[1] 张健，等. Python 编程基础[M]. 北京：人民邮电出版社，2018.

[2] 周志化，等. Python 编程基础[M]. 上海：上海交通大学出版社，2019.

[3] 菜鸟教程. Python3 教程[EB/OL]. [2021-05-01]. https://www.runoob.com/python3/python3-tutorial.html.

[4] 明日科技. 零基础学 Python[M]. 长春：吉林大学出版社，2018.

[5] 董付国. Python 程序设计基础与应用[M]. 北京：机械工业出版社，2020.

[6] Python Software Foundation. PEP 8 -- Style Guide for Python Code[EB/OL]. [2021-05-01]. https://www.python.org/dev/peps/pep-0008/.

[7] 小甲鱼. 零基础入门学习 Python[M]. 北京：清华大学出版社，2018.

[8] 李宁. Python 从菜鸟到高手[M]. 北京：清华大学出版社，2018.

[9] 刘宇宙. Python 3.5 从零开始学[M]. 北京：清华大学出版社，2017.

[10] 小象学院. 零基础入门 Python[EB/OL]. [2021-05-01]. http://www.chinahadoop.cn/.

[11] 明日科技. Python 项目开发案例集锦[M]. 长春：吉林大学出版社，2019.

[12] William F. Punch Richard Enbody. Python 入门经典 以解决计算问题为导向的 Python 编程实践[M]. 张敏，等译. 北京：机械工业出版社，2012.

[13] 李宁. Python 从菜鸟到高手[M]. 北京：清华大学出版社，2018.

[14] C 语言中文网. Python 编程基础[EB/OL]. [2021-05-01]. http://c.biancheng.net/python/base/.

[15] 李刚. 疯狂 Python 讲义[M]. 北京：电子工业出版社，2019.

[16] 快乐糖果屋. Python 2 和 Python 3 的区别[EB/OL]. [2021-05-01]. https://www.cnblogs.com/meng-wei-zhi/articles/8194849.html.

[17] 菜鸟教程. Python 编码规范（Google）[EB/OL]. [2021-05-01]. https://www.runoob.com/w3cnote/google-python-styleguide.html.

[18] 简书. 学习 python 必须要知道的三种安装扩展库的方法[EB/OL]. [2021-05-01]. https://www.jianshu.com/p/340605f13104.

[19] Python3.7.9 文档. Python 教程[EB/OL]. [2021-05-01]. https://docs.python.org/zh-cn/3.7/tutorial/index.html.

[20] 脚本之家. Python 中格式化字符串的四种实现[EB/OL]. [2021-05-01]. https://www.jb51.net/article/187366.htm.

[21] 明日科技. Python 从入门到精通[M]. 北京：清华大学出版社，2018.

[22] Mark Lutz. Python 学习手册[M]. 秦鹤，林明，等译. 北京：机械工业出版社，2018.

[23] J.Burton Browning. Python 3 高级教程[M]. 5 版. 杨庆麟，译. 北京：清华大学出版社，2020.

[24] 江红，等. Python 程序设计与算法基础教程[M]. 北京：清华大学出版社，2018.

[25] 吕云翔，等. Python 程序设计基础教程[M]. 北京：机械工业出版社，2018.